Wissenschaftliche Reihe Fahrzeugtechnik Universität Stuttgart

Reihe herausgegeben von

Michael Bargende, Stuttgart, Deutschland

Hans-Christian Reuss, Stuttgart, Deutschland

Jochen Wiedemann, Stuttgart, Deutschland

Das Institut für Fahrzeugtechnik Stuttgart (IFS) an der Universität Stuttgart erforscht, entwickelt, appliziert und erprobt, in enger Zusammenarbeit mit der Industrie, Elemente bzw. Technologien aus dem Bereich moderner Fahrzeugkonzepte. Das Institut gliedert sich in die drei Bereiche Kraftfahrwesen, Fahrzeugantriebe und Kraftfahrzeug-Mechatronik. Aufgabe dieser Bereiche ist die Ausarbeitung des Themengebietes im Prüfstandsbetrieb, in Theorie und Simulation. Schwerpunkte des Kraftfahrwesens sind hierbei die Aerodynamik, Akustik (NVH), Fahrdynamik und Fahrermodellierung, Leichtbau, Sicherheit, Kraftübertragung sowie Energie und Thermomanagement – auch in Verbindung mit hybriden und batterieelektrischen Fahrzeugkonzepten. Der Bereich Fahrzeugantriebe widmet sich den Themen Brennverfahrensentwicklung einschließlich Regelungs- und Steuerungskonzeptionen bei zugleich minimierten Emissionen, komplexe Abgasnachbehandlung, Aufladesysteme und -strategien, Hybridsysteme und Betriebsstrategien sowie mechanisch-akustischen Fragestellungen. Themen der Kraftfahrzeug-Mechatronik sind die Antriebsstrangregelung/Hybride, Elektromobilität, Bordnetz und Energiemanagement, Funktions- und Softwareentwicklung sowie Test und Diagnose. Die Erfüllung dieser Aufgaben wird prüfstandsseitig neben vielem anderen unterstützt durch 19 Motorenprüfstände, zwei Rollenprüfstände, einen 1:1-Fahrsimulator, einen Antriebsstrangprüfstand, einen Thermowindkanal sowie einen 1:1-Aeroakustikwindkanal. Die wissenschaftliche Reihe „Fahrzeugtechnik Universität Stuttgart" präsentiert über die am Institut entstandenen Promotionen die hervorragenden Arbeitsergebnisse der Forschungstätigkeiten am IFS.

Reihe herausgegeben von
Prof. Dr.-Ing. Michael Bargende
Lehrstuhl Fahrzeugantriebe
Institut für Fahrzeugtechnik Stuttgart
Universität Stuttgart
Stuttgart, Deutschland

Prof. Dr.-Ing. Jochen Wiedemann
Lehrstuhl Kraftfahrwesen
Institut für Fahrzeugtechnik Stuttgart
Universität Stuttgart
Stuttgart, Deutschland

Prof. Dr.-Ing. Hans-Christian Reuss
Lehrstuhl Kraftfahrzeugmechatronik
Institut für Fahrzeugtechnik Stuttgart
Universität Stuttgart
Stuttgart, Deutschland

Christoph Seifert

Methodik zur Erkennung und Identifizierung eines Netzwerks am Beispiel der CAN-Technologie

Christoph Seifert
IFS, Fakultät 7, Lehrstuhl für
Kraftfahrzeugmechatronik
Universität Stuttgart
Stuttgart, Deutschland

Zugl.: Dissertation Universität Stuttgart, 2024
D93

ISSN 2567-0042 ISSN 2567-0352 (electronic)
Wissenschaftliche Reihe Fahrzeugtechnik Universität Stuttgart
ISBN 978-3-658-47082-1 ISBN 978-3-658-47083-8 (eBook)
https://doi.org/10.1007/978-3-658-47083-8

Die Deutsche Nationalbibliothek verzeichnet diese Publikation in der Deutschen Nationalbibliografie; detaillierte bibliografische Daten sind im Internet über https://portal.dnb.de abrufbar.

Planung/Lektorat: Friederike Lierheimer
Springer Vieweg ist ein Imprint der eingetragenen Gesellschaft Springer Fachmedien Wiesbaden GmbH und ist ein Teil von Springer Nature.
Die Anschrift der Gesellschaft ist: Abraham-Lincoln-Str. 46, 65189 Wiesbaden, Germany

Vorwort

Die vorliegende Arbeit entstand während meiner Tätigkeit als wissenschaftlicher Mitarbeiter am Forschungsinstitut für Kraftfahrwesen und Fahrzeugmotoren Stuttgart im Bereich Kraftfahrzeugmechatronik unter der Leitung von Herrn Prof. Dr.-Ing. H.-C. Reuss.

Für die Möglichkeit meiner Promotion und für die Unterstützung möchte ich mich herzlichst bei Herrn Prof. Dr.-Ing. H.-C. Reuss bedanken. Das offenherzige und angenehme Arbeitsklima ist vor allem durch ihn geprägt. Vielen Dank!

Ebenso gilt mein besonderer Dank Herrn Prof. Dr.-Ing. B. Bäker für die Übernahme des Mitberichtes und das Interesse an dieser Arbeit. Er ist Professor an der Technischen Universität Dresden und leitet den Lehrstuhl Fahrzeugmechatronik am Institut für Automobiltechnik Dresden.

Für die unzähligen Diskussionen und Projektmeetings möchte ich mich bei Dr.-Ing. Michael Grimm bedanken, sowie die Freiheit sich entwickeln zu können. An dieser Stelle muss ich mich speziell bei Dr.-Ing. Andreas Heinz bedanken, für die fachlichen Diskussionen und für die Unterstürzung meine Promotion. Ebenso gilt mein Dank den Kollegen vom FKFS und der ROSI Technology.

Zuletzt möchte ich mich bei meinen Eltern für die Unterstützung während des Studiums und der Promotion bedanken. Ebenso möchte ich mich bei meiner kleinen Caro bedanken, für das offene Ohr, die Geduld und die Bereicherung in meinem Leben.

Finkenstein am Faakersee | Christoph Stefan Seifert

Inhaltsverzeichnis

Abbildungsverzeichnis

Tabellenverzeichnis

Abkürzungsverzeichnis

ACK	Acknowlege
AF	Acceptance Field
ARXML	Autosar Extensible Markup Language
BRS	Baud Rate Switch
CA	Collision Avoidance
CAN	Controller Area Network
CAN-FD	Controller Area Network Flexible Datarate
CAN-XL	Controller Area Network Extended Data-field Length
CD	Collision Detection
CRC	Cyclic Redundancy Check
CSMA	Carrier Sense Multiple Access
DBC	Database CAN
DEL	Delimiter
DLC	Data Length Code
ECM	Enginge Control Module
ECU	Electonic Control Unit
EoF	End of Frame
ESI	Error State Indicator
FCRC	Frame CRC
FDC	Functional Domain Controller
FDF	Flexible Datarate Format
FFT	Fast Fourier Transformation
FKFS	Forschungsinstitut für Kraftfahrwesen und Fahrzeugmotoren Stuttgart
FPS	Frames per Second
FTP	Foiled Twisted Pair

GPIO	General Purpose Input/Output
GPS	Global Positioning System
ID	Identifier
IDE	Identifier Extended
IFS	Inter Frame Space
IoT	Internet of Things
ISO	International Organization for Standardization
KI	Künstliche Intelligenz (engl. Artifizielle Intelligenz)
KNN	K-Nearest Neighbor
LIN	Local Interconnect Network
MAC	Media Access Control
MCU	Micro-Controller Unit
ML	Machine Learning
MOST	Media Oriented Systems Transport
Msg	Message
NRZ	Non Return to Zero
OBD	On-Board-Diagnose
ODX	Open Diagnostic data eXchange
OSI	Open Systems Interconnection Model
PAM3	Puls Amplitude Modulation with 3 States
PC	Programm Counter
PCRC	Preface CRC
PLCA	PHY Level Collision Avoidance
PWM	Pulse Width Modulation
RRS	Remote Request Substitution
RTR	Remote Transmission Request
SBC	Stuff Bit Count

SDT	Service Data Unit Type
SJW	Syncronization Jump Width
SoF	Start of Frame
SSR	Substitute remote request
TDMA	Time Division Multiple Access
UTP	Unshielded Twisted Pair
V2X	Vehicle to X
VCID	Virtual CAN Network ID
VNA	Vehicle Network Architecture
WLAN	Wireless Local Area Network
XLF	Extra Long Format

Symbolverzeichnis

	Indizes	
1bit	1 Bit beim Standard CAN	
B	Signifikantes Bit	
fdbit	1 Bit in der Datenphase des CAN-FD-Bereichs	
max	Maximum	
min	Minimum	
test	Prüfzählfrequenz	
timeout	Timeout aufgrund von Busruhe	
total	Gesamtbedarf	
xbit	Anzahl unterschiedlicher Pulslängen	
zyklus	Zykluszeit bestehend aus positiver und negativer Halbwelle	

	Lateinische Buchstaben	
A	Menge aller Möglicher Kombinationen	-
D	Tastverhältnis	%
F	Nachricht/Frame	-
P	Wahrscheinlichkeit	-
f	Frequenz	Hz
i	Zählvariable	-
n	Anzahl/ Stichprobenumfang	-
r	Gerundestes Ergebnis	-
t	Zeit	s
z	Zählwert	-

Kurzfassung

Die vorliegende Arbeit stellt eine neue Methode zur Erkennung und Identifizierung von unbekannten Netzwerken vor. Unter Erkennung wird in dieser Arbeit die Bestimmung der Netzkommunikation verstanden. Unter Identifikation eines Netzwerkes wird die Bestimmung des Netzwerkes, also die Einteilung in bekannte Netzwerke verstanden. Der Fokus der vorliegenden Arbeit bezieht sich auf den CAN-Bus, das in modernen Kraftfahrzeugen am häufigsten verwendete Netzwerk.

Der Kommunikationsbedarf moderner Fahrzeuge steigt mit jeder Generation von Fahrzeugen an. Um neue Dienste und Assistenzsysteme anbieten zu können, muss die Netzwerkarchitektur weiterentwickelt werden, um intern oder über die Fahrzeuggrenzen hinweg kommunizieren zu können. Die E/E-Architektur muss diese neuen Anforderungen und Aspekte abdecken. Moderne Fahrzeuge verwenden verschiedene Bussysteme, um Kosten, Kommunikationsanforderungen oder ein deterministisches Verhalten sicherzustellen. Während der frühen Entwicklungsstadien von Fahrzeugen werden diese Bussysteme an Messkupplungen zusammengeführt. Über die Messkupplungen der Prototypen kann der Testingenieur das entsprechende Netzwerk kontaktieren und mit den Teilnehmern in diesem Netzwerk kommunizieren. Diese Maßnahme ist für die Inbetriebnahme, detaillierter Diagnosezwecke und zur Überwachung essenziell.

Die Anzahl der Prototypenfahrzeuge ist begrenzt. Um die verschiedenen Versionen und Testschwerpunkte abzudecken, werden Änderungen am Fahrzeug vorgenommen. Während dieser Umbaumaßnahmen kann auch die Messkupplung modifiziert werden, was zu einer Änderung der Pinbelegung führt. Es ist daher notwendig, die an diese Kupplung angeschlossenen Messgeräte anzupassen. Eine fehlerhafte Pinbelegung oder Konfiguration kann zu Kommunikationsproblemen führen und im schlimmsten Fall zum Ausfall führen oder unberechenbares Verhalten auslösen. Daher ist es wichtig, solche Fehler zu vermeiden, um eine reibungslose Analyse von Problemen zu ermöglichen.

Für eine erfolgreiche, netzwerkspezifische Diagnose ist ein korrekter Messabgriff des Bussystems sowie spezifisches Expertenwissen über den Aufbau und die Konfiguration des Prototypenfahrzeugs mit dessen Netzwerkarchitektur unerlässlich. Nur so kann ein Messgerät mit dem Fahrzeug verbunden werden, um eine Kommunikation zu ermöglichen. Um die Kommunikation interpretieren zu können, ist es zwingend erforderlich die passende Netzwerkbeschreibung zu verwenden. Ohne diese können die Nachrichten nicht in korrekte physikalische Größen oder Statusinformationen umgerechnet werden.

Es wird eine Methode vorgestellt, welche ein unbekanntes Netzwerk, gemäß obiger Definition, erkennt und identifiziert, indem ein zweistufiges Verfahren anwendet wird. Im ersten Schritt wird das Kommunikationsprotokoll und die Baudrate eines CAN-Netzwerks erkannt, indem Pulsdauern erfasst und auf Basis eines Histogramms mit berechneter Klassenbreite gefiltert werden. Im Anschluss erfolgt eine Mustererkennung, um das Vielfache eines signifikanten Bits zu bestimmen. Als signifikantes Bit wird ein Zustandswechsel am Bus von dominant-rezessiv-dominant oder umgekehrt verstanden. Anhand diesem Bit wird die Baudrate eines CAN-Netzwerks ermittelt. Bei einem CAN-FD-Netzwerk wird auf diese Weise auch die Baudrate für die Datenphase bestimmt. Die Datenrate für die Arbitrierungsphase wird auf dieselbe Weise ermittelt, jedoch wird von der längsten Impulsdauer ausgegangen.

Für die Mustererkennung werden zwei Annahmen getroffen. Erstens, es ist ein signifikantes Bit in der Erfassung der Pulsdauern aufgezeichnet worden und zweitens, es sind mindestens drei unterschiedliche Längen von Pulsdauern ermittelt worden. Um diese beiden Annahmen für ein generelles Verfahren zu überprüfen, wird die Wahrscheinlichkeit für die Erfüllung der beiden Annahmen berechnet.

Im Worst-Case-Szenario des Standard-CAN-Netzwerks, einer Nachrichtenanfrage ohne Nutzdaten, wird mit einer Wahrscheinlichkeit von 100% ein signifikantes Bit erfasst und mit einer Wahrscheinlichkeit von 98,83% werden mindestens drei unterschiedliche Pulslängen in der Kommunikation erfasst. Beim CAN-FD-Netzwerk wird von mindestens drei Byte als Nutzdaten ausgegangen. In diesem Fall beträgt die Wahrscheinlichkeit für das signifikante Bit 99,88% bzw. 98,98% für drei unterschiedliche Pulsdauern. Sobald eine Kommunikation hergestellt wurde, ist der erste Schritt abgeschlossen.

Im zweiten Schritt wird das Netzwerk anhand charakteristischer Eigenschaften identifiziert. Dazu werden Messprotokolle der Buskommunikation, sogenannte CAN-Traces, auf einfach und schnell zu bestimmende und sich unterscheidende Merkmale analysiert. Dabei dienen die Baudrate und das Protokoll als hardwarenahe Eigenschaften sowie die Anzahl an unterschiedlichen Nachrichten-IDs im Netzwerk und die Nachrichtenlast als geeignete Eigenschaften. Auf Basis dieser Charakteristik wird ein unbekanntes Netzwerk mit Hilfe eines maschinellen Lernens klassifiziert. Als passender Algorithmus ist der Entscheidungsbaum identifiziert worden.

Die neu vorgestellte Methode reduziert Fehlerquellen in der frühen Entwicklungsphase von Fahrzeugen, indem das Netzwerk erkannt und identifiziert wird. Das Expertenwissen kann durch diese Methode der Erkennung und Identifizierung reduziert werden, um eine Diagnose und Analyse der Kommunikation fehlerfrei zu ermöglichen. Die Arbeit bildet eine Grundlage, um eine Weiterentwicklung von Netzwerkarchitekturen, hin zu serviceorientierten Netzwerken zu ermöglichen. Durch die automatisierte Erkennung des Protokolls und der Baudrate von Netzwerken können bei jedem Start eines Knotens oder Netzwerks diese Eigenschaften modifiziert werden. Durch diesen Freiheitsgrad wird es erstmalig ermöglicht, eine flexible CAN-Architektur im Fahrzeug zu erschaffen, die bei jedem Start die Parameter Baudrate und Protokoll variieren kann.

Abstract

This paper presents a new method for detection and identification for recognising and identifying unknown networks. In this work, detection is understood as the determination of network communication. Identification of a network is understood as the determination of the network, i.e. the categorisation into known networks. The focus of this thesis is on the CAN bus, the most frequently used network in modern motor vehicles.

The communication requirements of modern vehicles increase with each generation of vehicles. In order to be able to offer new services and assistance systems, the network architecture must also be further developed so that it can communicate internally or across vehicle boundaries. The electronic/electrical architecture must cover these new requirements and aspects. Modern vehicles use a variety of bus systems to manage cost, communication requirements or deterministic behaviour. In the early stages of vehicle development, the prototype vehicles, these bus systems are brought together at test points and made available to the test engineer. These ports can be used to contact a specific network and communicate with the nodes on that network. This is essential for diagnostic and monitoring purposes.

The number of prototypes is limited. Modifications are made to the vehicle to cover the different versions and test priorities. During these modifications, the measuring port may also be modified, resulting in a change in the pin assignment. It is therefore necessary to adapt the test equipment connected to this socket. Incorrect pin assignments or configurations can lead to communication problems and, in the worst case, trigger an emergency stop of the vehicle. It is therefore important to avoid such errors so that problems can be easily analysed.

Flawless measurement access to the bus systems and specific expert knowledge of the structure, configuration of the prototype vehicle and the networks are essential for successful diagnostics. This is the only way to connect a measurement device to the vehicle to enable communication. Knowledge of the correct network is also essential. In order to perform a diagnosis, it is essential to connect to the correct network and communicate directly with the physical bus. Without this connection, diagnostics are not possible.

The four aspects of a successful diagnostic are shown in the figure below. Communication starts with the correct wiring of the test port and thus the preparation of the network. Maximum precision is required at this point to avoid errors caused by frequent changes during the prototype phase. Incorrect wiring of the port can lead to serious error conditions that can affect the entire test phase. In the simplest case, no communication takes place and no further errors are caused by the equipment. In the worst case, errors can occur in the vehicle that may even cause the vehicle to stop.

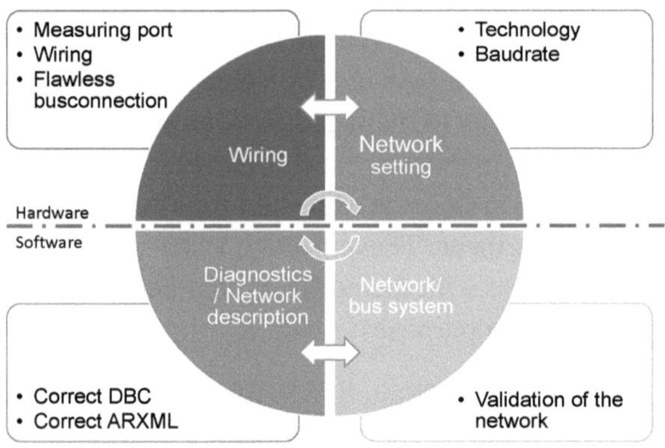

Until now, determining the baud rate of a standard CAN network is only possible by scanning it with an external device. The baud rate scan uses a 'try and error' principle to check messages on the bus to ensure they can be correctly interpreted. Currently, no diagnostic device can determine the baud rate and technology based on direct measurements of pulse widths.

Determining the network can only be achieved through the use of ARXML and DBC files, which require sensitive manufacturer knowledge to compare the unknown network with a network description. Additionally, this process is computationally intensive as the messages must be compared with a large amount of network description data to carry out classification.

This newly developed method recognises and identifies an unknown network by applying a two-stage procedure. In the figure below.

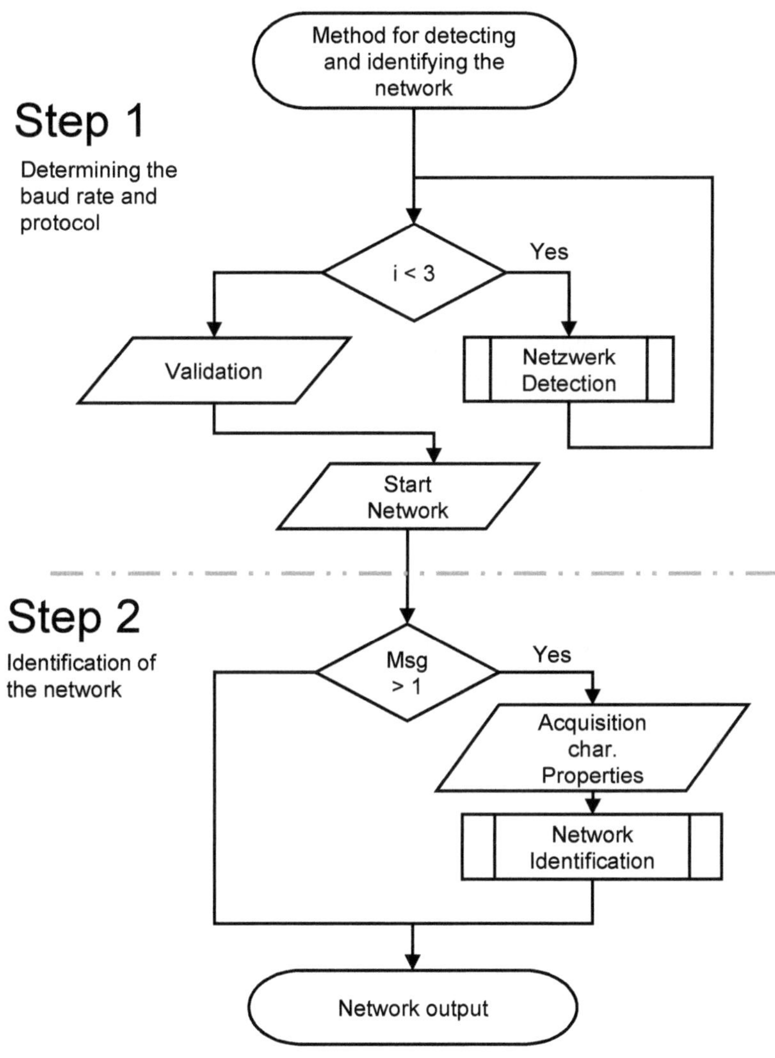

The initial step involves precise recognition of the communication protocol and baud rate of a CAN network by recording pulse lengths and filtering them using a histogram with calculated class width. This is followed by pattern recognition to determine the multiple of a significant bit and thus determine the baud rate of a CAN network. For CAN FD networks, the baud rate for the data phase is determined in the same way. The data rate for the arbitration phase is also determined in the same manner. It is important to follow these two steps to ensure that the baud rate is determined accurately. This method is based on two assumptions. The first, one significant bit, a change of state on the bus from dominant to recessive or vice versa, is measured. The second, a minimum of three different bit state lengths is detected in the measurement. To confirm these assumptions, the probability for both scenarios is determined. In the worst-case scenario of the standard CAN network, a significant bit is detected with a probability of 100% and at least three different lengths of communication are detected with a probability of 98,83%. The CAN FD network assumes a minimum of three bytes for user data. The probability for the first assumption is either 99,88% and 98,98% for the second. Once communication has been established, the first stage is complete.

In the second step, the network is identified based on its characteristic properties. This is done by analysing CAN traces, which are measurement protocols of bus communication, for easily and quickly determinable and distinguishable characteristics. It has been established that the network configuration, the number of different CAN IDs in the network, and the message load are suitable for this purpose. Each network has unique characteristics that can be used for unambiguous identification.The networks are classified based on their characteristic features using artificial intelligence. In this case, a decision tree is a suitable approach for classification.

In conclusion, this methodology presents a new approach for detecting and identifying networks based on CAN technology. By recognising the baud rate and protocol, there is room for expanding the trend of service-oriented development in the vehicle's E/E architecture. This method can determine an unknown CAN network and its protocol by measuring the pulse width. It can also determine a CAN-FD network using the same method.

Network identification allows for the classification of a network based on its properties. This method utilises a database of Controller Area Network (CAN) measurements, rather than relying on diagnosis-based classifications or identification based on network descriptions. By using characteristic properties, network classification can be achieved quickly and reliably, with a probability of 99,2% for correct classification.

The diagram below illustrates the updated process that can be utilised with this technique. The technique identifies the technology, baud rate, and can also detect cabling errors. Additionally, it categorises and identifies the network class, enabling the use of the appropriate network description.

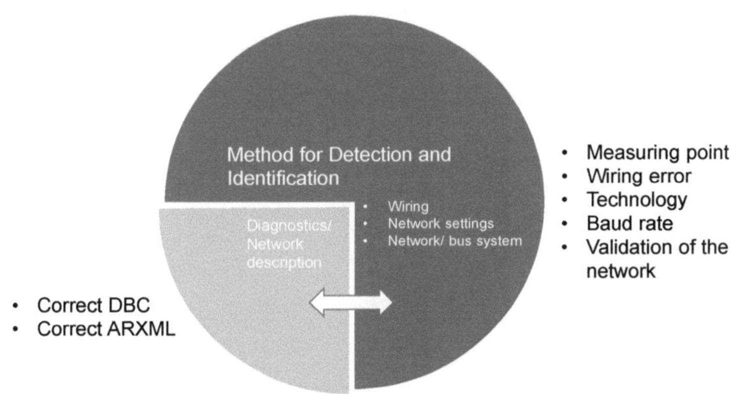

From a scientific perspective, this work raises questions about the transferability to other networks, such as Automotive Ethernet, FlexRay, or wireless networks like WLAN. These networks do not require baud rate detection, but rather identification of the network using the method presented. It is necessary to analyze the characteristic properties to establish the basis for identification. Another scientific aspect is the adaptation to a CAN-XL network, which may have a higher data rate. In this case, recognition and classification must be trained. This work can also serve as a basis for detailed VNA detection of a network using the diagnosis-based detection approach.

The work's findings suggest that networks can be designed with greater flexibility in the future by recognising the baud rate and re-parameterising them at each start to respond to higher data loads. It is also possible to conceive new network architectures that offer communication as a service and provide more freedom. Additionally, there is a concept for a flexible CAN architecture.

1 Einleitung

Mit jeder Fahrzeuggeneration steigt die Anzahl der angebotenen Funktionen, wie z.B. der obligatorischen Assistenzsysteme oder Diensten wie Headup-Display oder Carplay, an. Damit steigt die Komplexität der Software und auch der Bedarf an Kommunikation innerhalb des Fahrzeugs und über dessen Grenzen hinaus. Ein wesentlicher Faktor, der die Fahrzeugentwicklung beeinflusst, ist der Trend zum automatisierten Fahren. Dafür ist die Verarbeitung von größeren Datenmengen, die durch die Erfassung der Umgebung und Gefahren im Verkehr entsteht, notwendig. Ein weiterer Faktor ist die Kommunikation über die Fahrzeuggrenze hinweg, die als Kommunikation vom Fahrzeug zu einem anderen Teilnehmer X (engl.V2X) genannt wird. Diese Funktionalität ermöglicht die Kommunikation mit anderen Teilnehmern, wobei die Teilnehmer andere Fahrzeuge oder Internetdienste darstellen können. Ein Anwendungsfall ist die Verteilung und Verwaltung von Software-Updates für das Fahrzeug. Auch die Diagnose-over-the-air, also der externe Zugriff auf das Fahrzeug zur Diagnose von Fehlerzuständen, wird hierdurch ermöglicht.

Die Komplexität der Software beeinflusst nicht nur den Bedarf der Kommunikation, sondern indirekt die gesamte Fahrzeugnetzwerkarchitektur (engl. Vehicle Network Architecture (VNA)). Diese Architektur beschreibt die Vernetzung der einzelnen elektronischen Steuergeräte (engl. Electonic Control Unit (ECU)) untereinander und die verwendete Technologie der Kommunikation. Dabei sind Kriterien an die Datenrate, Echtzeitfähigkeit und Sicherheit zu berücksichtigen. Bei der Entwicklung des Netzwerks sind zwei Zielkonflikte zu beobachten. Zum Einen wird eine Zentralisierung der Steuergeräte angestrebt, um den Rechenbedarf mittels Hochleistungsrechnern für das automatisierte Fahren zu decken. Zum Anderen eine Dezentralisierung, die vorteilhafte Verteilung von Steuergeräten in Zonen, um den Verkabelungsaufwand zu reduzieren. Dabei werden ebenso Softwarefunktionen auf verschiedene ECUs verteilt. Für eine erfolgreiche Kommunikation im Netzwerk müssen die verbundenen ECUs in der Lage sein, Daten fristgerecht und zuverlässig auszutauschen. Die Informationen können sich innerhalb einer einzelnen oder mehrerer Nachrichten befinden.

C. Seifert, *Methodik zur Erkennung und Identifizierung eines Netzwerks am Beispiel der CAN-Technologie*, Wissenschaftliche Reihe Fahrzeugtechnik Universität Stuttgart, https://doi.org/10.1007/978-3-658-47083-8_1

Eine klare Definition des Netzwerks ist unerlässlich und wird in Netzwerkbeschreibungen wie Database CAN (DBC) oder Autosar Extensible Markup Language (ARXML) festgelegt. Diese Beschreibungen legen die vollständige Kommunikation im Netzwerk fest.

In einem modernen, funktionsfähigen Fahrzeug umfasst die Fahrzeugsoftware bis zu 300 Millionen Zeilen Code [51]. Diese Software repräsentiert die angebotenen Funktionen und Dienste. Diese Codezeilen bieten Fehlerpotential in der Programmierung und in der Kommunikation zwischen den Steuergeräten. Werte aus der Literatur beziffern pro 1000 Codezeilen 1,4 kritische und 23 unkritische Fehler in der Software. Pro Stunde treten etwa 10^{-7} Softwarefehler in Fahrzeugen auf [62]. Diese Fehler können zum einen auf Softwarefehlern oder auf einer falschen Berechnung des Steuergerätes beruhen. In jedem Fall ist eine umfangreiche Test- und Validierungsphase notwendig, um die Anzahl potentieller Fehler im Feld zu reduzieren. Im Gegensatz zum gestiegenen Testbedarf steht die kontinuierliche Reduzierung der Entwicklungszeiten. [31] [66]

1.1 Motivation und Ziele

In den frühen Phasen der Fahrzeugentwicklung sind die Anzahl von Prototypenfahrzeugen begrenzt und die Testzeit an diesen Fahrzeugen ist daher ebenfalls limitiert. Um einen direkten Zugriff auf diverse Bussysteme zu ermöglichen werden sogenannte Messkupplungen oder Messabgriffe bereitgestellt. Unterschiedliche Abteilungen der Softwareentwicklung und für die Erprobung des Fahrzeugs benötigen in manchen Fällen einen direkten Buszugriff. In diesem Fall können die Bussysteme an der Messkupplung angeschlossen werden und so die gesamte Kommunikation überwacht, analysiert und Steuergeräte in diesem Netzwerk diagnostiziert werden. Für diesen speziellen Testfall werden die Messabgriffe der Bussysteme des Fahrzeugs angepasst. Je nach Testaufbau und Testanforderungen kann dieser Abgriff modifiziert werden und ein anderes Bussystem an diese Kupplung angeschlossen werden. Es kann jedoch vorkommen, dass es zu fehlerhaften Belegungen des Abgriffs kommt, was die korrekte Kommunikation beeinträchtigt. Daraus resultiert die Generierung von Kommunikationsfehlern, die vom nicht korrekten Teilnehmer am Bus hervorgerufen werden. Dieses Verhalten kann die Diagnose und Fehlersuche am Fahrzeug deutlich erschweren.

Für die Interpretation der übertragenen Daten am Kommunikationsnetzwerk muss das Netzwerk bekannt sein und anhand der Beschreibung von DBC oder ARXML interpretiert werden. In dem Fall, dass diese Informationen nicht vorliegen, können die Daten nicht korrekt interpretiert werden. Im zuvor beschriebenen Fall, dass ein direkter Buszugriff vorliegen muss, kann eine Plausibilitätsprüfung vom Netzwerk zu einer Reduzierung des Testaufwandes und zur Steigerung der Zuverlässigkeit führen.

Für eine erfolgreiche Integrations- und Testphase sind vier wesentliche Punkte erforderlich, die alle erfüllt sein müssen. In der Abbildung 1.1 sind die vier Aspekte dargestellt. Voraussetzung für eine Kommunikation ist eine korrekte Verkabelung des Messabgriffs und somit der Bereitstellung des Netzwerks. In diesem Punkt ist Präzision gefragt, um Fehler aufgrund von häufigen Umbauten in der Prototypen-Phase zu vermeiden. Eine falsche Belegung des Abgriffs kann zu schwerwiegenden Fehlerzuständen führen, die die gesamte Testphase beeinträchtigen können. Im einfachsten Fall findet keine Kommunikation statt und es werden keine weiteren Fehler durch die Messtechnik verursacht. Im schlimmsten Fall können Fehlerzustände im Fahrzeug auftreten, die bis zum Ausfall und unvorhersagbaren Zuständen des Fahrzeugs führen.

Der zweite Punkt behandelt die Einstellungen des Teilnehmers vom Bussystem. Um eine erfolgreiche Kommunikation zu gewährleisten, müssen je nach Technologie unterschiedliche Parameter korrekt gesetzt werden, um die Kommunikationsgeschwindigkeit oder den Netzwerkaufbau zu konfigurieren. Eine Fehlkonfiguration kann dazu führen, dass das Fahrzeug in den Notlauf versetzt wird, ähnlich einem Verkabelungsfehler. Durch die korrekte Konfiguration dieser beiden Hardwareeinstellungen kann eine zuverlässige Kommunikation aufgebaut werden, um Nachrichten zu empfangen und zu senden.

Eine korrekte Busanbindung ist Voraussetzung für die Interpretation der kommunizierten Daten am Bus. Um diese Daten zu interpretieren, ist es notwendig, das Netzwerk zu kennen. Mit diesem Wissen über das Bussystem kann die passende Netzwerkbeschreibung ausgewählt werden. Erst wenn alle vier Punk-

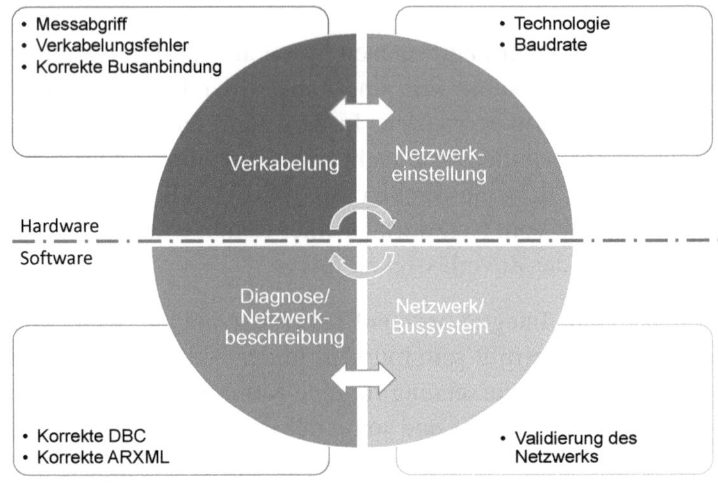

Abbildung 1.1: Abhängigkeiten und Zusammenspiel für eine Buskommunikation

te erfüllt sind, ist dieses Netzwerk eindeutig bestimmt und ermöglicht eine effiziente Diagnose der Steuergeräte im Netzwerk.

Für die vorliegende Arbeit wird ein am Forschungsinstitut für Kraftfahrwesen und Fahrzeugmotoren Stuttgart (FKFS) entwickeltes Internet of Things (IoT)-fähiges Diagnosegerät verwendet, das über eine Vielzahl von Fahrzeugschnittstellen verfügt. Insgesamt stehen zwölf unabhängige CAN- bzw. CAN-FD-Schnittstellen, zwei Flex-Ray-Schnittstellen mit jeweils zwei Kanälen, zwei Local Interconnect Network (LIN)-Schnittstellen und eine Ethernet- und Automotive-Ethernet-Schnittstelle zur Verfügung. Für die drahtlose Kommunikation stellt dieses System Wireless Local Area Network (WLAN), Bluetooth sowie Mobilfunk und für die Positionsbestimmung eine Global Positioning System (GPS) Schnittstelle zur Verfügung. Dieses Messsystem kann sowohl für einfache Messaufgaben, wie z.B. die Erstellung von Kommunikationsaufzeichnungen, als auch für komplexere Diagnoseaufgaben eingesetzt werden.

Im Fokus dieser Arbeit stehen Prototypenfahrzeuge, die einen Busabgriff ermöglichen, um eine direkte Kommunikation zu Steuergeräte herzustellen. Dabei wird der am häufigsten eingesetzte Bus, der CAN-Bus, im Detail betrachtet und die Methode an dieser Technologie angewendet. Moderne Fahrzeuge verfügen über 20 verschiedene CAN-Netzwerke [9] mit unterschiedlichen Eigenschaften in Bezug auf Geschwindigkeit, Protokoll und Netzwerkeigenschaft. Dabei können mehrere Netzwerke dieselben Eigenschaften, wie Baudrate und Protokoll besitzen, jedoch einem unterschiedlichen Netzwerk angehören. Deshalb ist notwendig, nicht nur eine Kommunikation aufbauen zu können sondern auch das Netzwerk identifizieren zu können.

1.2 Forschungsfrage

Die immer komplexer werdenden Netzwerkarchitekturen bieten ein höheres Fehlerpotenzial bei der Verkabelung und Konfiguration der Bussysteme. Für die Verkabelung und den Anschluss eines Messgeräts ist Expertenwissen in den Bereichen Messabgriff, Netzwerkeinstellungen, Netzwerkidentifizierung und Netzwerkbeschreibung erforderlich. Diese Arbeit stellt eine Methode vor, um unbekannte Netzwerke zu erkennen, die Verkabelung und die Netzwerkeinstellungen zu ermitteln und zu überprüfen. Um eine zuverlässige Kommunikation in einem CAN-Netzwerk zu ermöglichen, müssen die Schritte zur Erkennung des Protokolls und der Kommunikationsgeschwindigkeit präzise ausgeführt werden. Da das CAN-Netzwerk auf einem Broadcast-Verfahren basiert, ist es von höchster Bedeutung, dass die bestehende Kommunikation nicht beeinträchtigt wird. Ein weiterer Schwerpunkt liegt in der Identifikation eines Netzwerks anhand der gesendeten Nachrichten. Für die Auswahl der korrekten Netzwerkbeschreibungen und zur Validierung von Messaufgaben, die die Kommunikation mit einem bestimmten Steuergerät erfordern, ist dieses Wissen unerlässlich. Zusammenfassend werden folgende Punkte als Anforderung an die Methode gestellt:

- **Erkennung des Netzwerks**
  Die Erkennung des Netzwerks erfolgt innerhalb eines Netzwerkknotens, ohne das Messgerät zu verändern. Die Technologie zur Erkennung von CAN bzw. CAN-FD soll zuverlässig durchgeführt werden. Die Ermittlung der Kommunikationsgeschwindigkeit soll ohne Beeinträchtigung der bestehenden Kommunikation erfolgen.
- **Identifikation des Netzwerks**
  Unter Netzwerkidentifikation wird die Einteilung des Netzes in bekannte Klassen verstanden. Als Entscheidungsgrundlage sollen die auf dem Bussystem gesendeten Nachrichten dienen, um Merkmale zur Unterscheidung ableiten zu können. Die Identifikation soll schnell und zuverlässig durchgeführt werden, um eine Validierung des Netzes und die Auswahl einer Netzbeschreibung zu ermöglichen.

Anhand dieser beiden Anforderungen lässt sich die konkrete Forschungsfrage ableiten:

„Kann ein Netzwerk um einen Teilnehmer erweitert werden, wenn keine Vorinformationen über die Netzwerkverbindung und Netzwerkklasse vorliegen, ohne dass dieser die vorhandene Kommunikation beeinflusst und dennoch als aktiver Teilnehmer fungieren kann?“

1.3 Aufbau der Arbeit

Zur Beantwortung der Forschungsfrage wird die Arbeit wie folgt aufgebaut. Kapitel 1 behandelt die Einleitung und Motivation der Arbeit. Es werden Forschungslücken und aktuelle Herausforderungen erläutert. In Kapitel 2 werden die Grundlagen für diese Arbeit und das notwendige Detailwissen aufbereitet, ebenso wird der Stand der Technik von Netzwerkerkennung dargelegt. Ein Schwerpunkt ist das Detailwissen von Kommunikationsprotokollen, insbesondere die Technologien von CAN und CAN-FD. Der Bereich der KI mit dem maschinellen Lernen (ML) bildet einen weiteren Fokus. Eine detaillierte Analyse von CAN-Netzwerken zur Aufbereitung der Netzwerkseigenschaften ist in Kapitel 3 dargestellt. Diese Analyse bildet die Basis für die Ableitung der charakteristischen Eigenschaften. Kapitel 4 beschreibt die Methode, ein CAN-Netzwerk zu erkennen und zu identifizieren. Anhand eines CAN-FD Netzwerks wird gezeigt, wie ein Bussystem zuverlässig erkannt und identifiziert wird. Es werden verschiedene ML-Algorithmen zur Identifikation des Netzwerks vorgestellt. Dieser Abschnitt bildet den Kern der Arbeit und beschreibt ein neuartiges Verfahren, um eine messdatenbasierte Bestimmung der Baudrate und des Protokolles zu ermöglichen und das Netzwerk anhand charakteristischer Merkmale zu identifizieren. Die Zuverlässigkeit der Erkennung der Baudrate und des Protokolles wird in Kapitel 5 berechnet und an einem Fahrzeug zuverlässig validiert. Eine Zusammenfassung der Methode und der Ergebnisse sowie ein Ausblick auf die Übertragbarkeit auf andere Bussysteme im Fahrzeug wird im abschließenden Kapitel 6 behandelt.

2 Grundlagen und Stand der Technik

Jede Fahrzeug-Netzwerk-Architektur (VNA) besteht aus verschiedenen Bussystemen, die je nach Einsatzzweck oder aus Kostengründen eingesetzt werden. Im Folgenden werden die am häufigsten verwendeten Systeme und die relevanten Netzwerke im Detail beschrieben. Ein fundiertes Verständnis der Zugriffsmethoden, des Nachrichtenaufbaus und der physikalischen Übertragung auf dem Bus ist für die Erkennung und Detektierung der Technologie unerlässlich. Die vorgestellte Methode nutzt dazu bestimmte Nachrichteneigenschaften und Merkmale um die Erkennung der Baudrate und des Protokolls zu ermöglichen. Anschließend wird ein Überblick über die Klassen der künstlichen Intelligenz gegeben und auf die Arten des maschinellen Lernens, einer Unterklasse der KI, eingegangen. Der Schwerpunkt liegt dabei auf dem überwachten Lernen, das für diskrete Eingabe und Ausgabe geeignet ist.

Abschließend wird der Stand der Technik beschrieben, um die Möglichkeiten einer Netzwerkerkennung am Beispiel des Programms CANoe der Firma Vector Informatik GmbH aufzuzeigen. Dabei wird ein „Try&Error" Prinzip verfolgt, um eine Baudrate einer vorhandene Kommunikation zu ermitteln. Der letzte Punkt beschäftigt sich mit einer früheren Forschungsfrage am FKFS zur Identifizierung des Netzwerks und der Ermittlung der VNA. Dieses Verfahren verfolgt zwei Ansätze, einen diagnosebasierten und einen auf Full-CAN-Traces[1] basierenden Ansatz. [46].

2.1 Elektrisch/Elektronische Architekturen im Kraftfahrzeug

Analog zur Digitalisierung entwickelt sich die Fahrzeugarchitektur stetig weiter und wird immer umfangreicher und komplexer [73]. Die Anzahl der Steuerge-

[1]Full-CAN-Traces sind Messdaten, die jede Nachricht auf dem Bus aufzeichnen und in einer Datei abspeichern. Diese Dateien bestehen unter Anderem auf der chronologisch sortierten Aufzeichnung der ID, dem DLC, den Daten sowie Zeitstempel und Zusatzinformationen.

C. Seifert, *Methodik zur Erkennung und Identifizierung eines Netzwerks am Beispiel der CAN-Technologie*, Wissenschaftliche Reihe Fahrzeugtechnik Universität Stuttgart, https://doi.org/10.1007/978-3-658-47083-8_2

räte im Fahrzeug nimmt ebenso wie die Vernetzung untereinander zu. Durch verteilte Funktionen steigt der Kommunikationsbedarf, sowohl intern als auch über die eigenen Fahrzeuggrenzen hinaus an. Die Abbildung 2.1 zeigt die gängige Multibus-Gateway-Architektur, die domänenorientierte Architektur und die zonale Architektur mit zentralisierte Rechner. Die drei Topologien werden im Folgenden beschrieben [19].

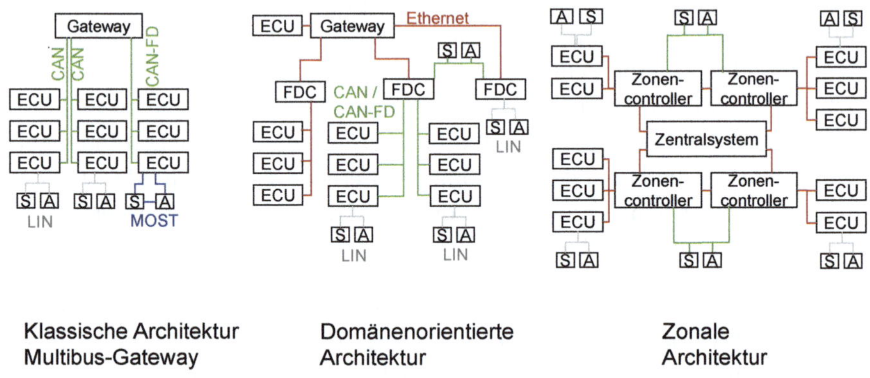

Abbildung 2.1: Übersicht Elektrisch/Elektronische Architekturen im Kraftfahrzeug nach [18]

In den dargestellten Abbildungen sind Sensoren mit „S“ abgekürzt, diese können Temperatursensoren, Taster oder andere Bedienelemente sein. Die Aktuatoren (A) können Motoren, Anzeigeelemente oder andere ansteuerbare Objekte sein. Bei der domänenorientierten Architektur steht die Abkürzung FDC für Funktionale Domänen Controller, diese Steuergeräte sind Bereichen übergeordnet und kommunizieren zum zentralen Gateway.

Klassische Architektur Multibus-Gateway

Diese Netzwerkarchitektur stellt die aktuell vorherrschende Netzwerkarchitektur bei Fahrzeugen im Feld dar. Ein leistungsfähiges Steuergerät ist erforderlich, da alle Subnetzwerke an einem Gateway angeschlossen sind. Es ist notwendig, alle Protokolle, Schnittstellen und Diagnoseanfragen in diesem Gerät zu implementieren. Somit ist dieses Steuergerät ein „Single Point of Failure“. Ein Fehler im Gateway würde sich auf das gesamte Fahrzeug auswirken und eine busübergreifende Kommunikation unmöglich machen. Die Anforderungen an ein solches Steuergerät sind daher höher. Jegliche Diagnose, sowohl On-Board-Diagnose (OBD) als auch Off-Board-Diagnose mit einem externen Diagnosegerät muss mit diesem zentralen Element kommunizieren und erhöhen somit die Belastung der Kommunikation und der Auslastung vom Steuergerät. [56] [?] [10]

Domänenorientierte Architektur

Eine Weiterentwicklung der klassischen Architektur ist die domänenorientierte Architektur. Hierbei werden Bereiche zu einzelnen Domänen zusammengefasst und über ein Domänen-Gateway (Functional Domain Controller (FDC)) mit einem zentralen Gateway verbunden. Diese Architektur erfordert einen höheren Hardwareaufwand, reduziert aber die Softwarekomplexität und den Testaufwand durch die Eingrenzung in verschiedene Bereiche. [23]

Zonale Architektur

Getrieben durch das automatisierte Fahren und den Bedarf an Rechenleistung wurde die zentralisierte Architektur entwickelt. Die Anforderungen an den Zentralrechner werden maßgeblich durch die Bildverarbeitung, die Trajektorienberechnung und die Fahrzeugsteuerung bestimmt. Die Berechnungen müssen unter dem Aspekt der harten Echtzeitanforderungen[2] stattfinden, um einen sicheren Betrieb zu gewährleisten. Die Subsysteme werden in Zonen eingeteilt und von einem Zonencontroller gesteuert.[?]

Die VNA eines Fahrzeuges entwickelt sich zunehmend zu einer Zonalen Architektur und wird in Abschnitte unterteilt. Diese Zonen sind über Zonencontroller verbunden, die Informationen gezielt weiterleiten und so einen übergreifenden Datenaustausch ermöglichen. Für eine tiefer greifende Analyse des jeweiligen Netzwerks muss daher dieses direkt kontaktiert werden um die gesamte Kommunikation am Bus erfassen zu können. In Prototypenfahrzeugen sind zwischen 30 bis 50 verschiedene Buszugangspunkte vorgesehen, die unterschiedliche Kom-

[2]Bei harten Echtzeitanforderungen werden zeitliche Limits gesetzt, bis zu dem Zeitpunkt Berechnungen abgeschlossen sein müssen

munikationsnetzwerke abgreifen. Diese können sich von Protokollen, Baudraten und dem Sendeverhalten unterscheiden.

2.2 Bussysteme in Kraftfahrzeugen

In Fahrzeugen werden verschiedene Bussysteme und Netzwerkgenerationen eingesetzt, um den Anforderungen an Echtzeitfähigkeit, Datendurchsatz und Zuverlässigkeit der Kommunikation gerecht zu werden. Der am häufigsten verwendete Bus ist der CAN-Bus, da er ein universeller und einfacher Datenbus ist. Weitere wichtige Systeme sind der Local Interconnect Network (LIN)-Bus als kostengünstiger Bus mit dem Anwendungsbereich in Inselnetzwerken. FlexRay ist ein echtzeitfähiger Bus, der ein deterministisches Verhalten hat und Ethernet, mit der Abwandlung als Automotive Ethernet, als Bus mit hohem Datendurchsatz. Im folgenden Abschnitt wird der CAN-Bus, der CAN-FD-Bus mit flexibler Datenrate und das neueste Protokoll mit Controller Area Network Extended Data-field Length (CAN-XL)-Bus eingegangen. Die Bussysteme werden hinsichtlich Nachrichtenaufbau und Eigenschaften analysiert. Die Abbildung 2.2 gibt einen Überblick über die Kommunikationssysteme hinsichtlich Datenübertragung und Kosten.

LIN ist ein Eindrahtbus und eignet sich für Inselnetzwerke und lokale Anwendungen mit geringem Kommunikationsbedarf. Typische Anwendungen im Fahrzeug sind Türsteuerungen oder Sitzverstellungen. Die Datenrate ist bei diesem Bussystem stark reduziert und auf Anwendungen ohne hohen Kommunikationsbedarf beschränkt.

Der Controller Area Network (CAN) Bus ist der am weitesten verbreitete Bus im Fahrzeug und ermöglicht eine ereignisgesteuerte Kommunikation. Im Kapitel 2.2.2 wird der Bus im Detail beschrieben. Jeder Teilnehmer, auch Knoten genannt, empfängt alle Nachrichten, die an das gleiche Netzwerk angeschlossen sind. Die Datenrate ist beim CAN auf $1MBaud$ begrenzt und stellt aufgrund der kostengünstigen Verkabelung ein preiswertes Kommunikationssystem dar. Basierend auf dem CAN-Bus gibt es die Weiterentwicklungen Controller Area Network Flexible Datarate (CAN-FD) und Controller Area Network Extended

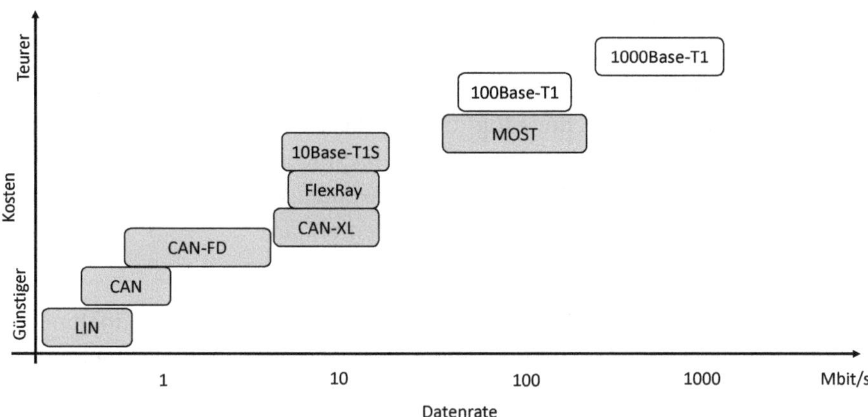

Abbildung 2.2: Datenrate und Kosten der Bussysteme im Fahrzeug

Data-field Length (CAN-XL). Diese haben einen höheren Datendurchsatz und decken damit den Bereich von FlexRay und 10Base-T1S, einer Abwandlung von Automotive-Ethernet, ab.

Im Vergleich dazu ist FlexRay ein zeitgesteuerter Bus. Er wird für Anwendungen mit harten Echtzeitanforderungen verwendet, da er streng deterministisch ist. Die Datenrate ist auf 10 $MBit/s$ festgelegt und es gibt zwei Kanäle, A und B.

Media Oriented Systems Transport (MOST) ist ein medienorientierter Bus mit einer Datenrate von bis zu 150 $MBit/s$ [34]. Es handelt sich um ein multimediales Kommunikationsnetzwerk zur Übertragung von Video-, Audio- und anderen Datensignalen.

Im Fokus der Entwicklung steht zunehmend Ethernet im Fahrzeug. Es wird sowohl als klassisches Ethernet für die Diagnose als auch Automotive Ethernet genutzt, das ein ungeschirmtes, verdrilltes Kabel (Unshielded Twisted Pair (UTP)) zur Signalübertragung verwendet. Automotive Ethernet bietet eine Datenrate von bis zu 1 $GBit/s$ und ist damit der Bus mit dem höchsten Datendurchsatz.

Grundsätzlich wird bei Bussystemen zwischen Stern-, Ring-, Bus- oder Baum-Topologie unterschieden. Für die vorliegende Arbeit ist die Bustopologie relevant. Dabei teilen sich alle Netzwerkteilnehmer dieselben elektrischen Verbindungen und es besteht die Möglichkeit, dass es zu Kollisionen einzelner Botschaften im Netzwerk kommen kann. Je nach Kommunikationssystem können unterschiedliche Zugriffsverfahren angewendet werden. Die wesentlichen Begriffe und Topologien werden im Folgenden erklärt:

- Bustopologie
  Bei einer Bustopologie, oder auch Linientopologie, sind alle Teilnehmer an dem physischen Kommunikationsnetz angeschlossen. Jeder Teilnehmer ist über Stichleitungen verbunden.
- Master/Slave - Prinzip
  Bei diesem Zugriffsverfahren steuert ein Teilnehmer die gesamte Kommunikation im Netzwerk. Dieser Knoten kann Daten senden und von anderen Teilnehmern anfragen.
- Multi-Master - Prinzip
  Innerhalb eines Netzwerks sind die Teilnehmer gleichberechtigt und können jederzeit auf den Bus zugreifen. Dabei besteht die Möglichkeit, dass mehrere Teilnehmer gleichzeitig einen Zugriff starten.
- Broadcast
  Bei einem Broadcast wird eine Nachricht an alle Teilnehmer im Netzwerk gesendet.

Im Folgenden werden die Systeme detailliert analysiert.

2.2.1 LIN - Local Interconnect Network

Die Spezifikationen des LIN wurden 1998 von mehreren Herstellern definiert und entwickelt. Sie wurden in der ISO 17987 standardisiert [40]. Der LIN-Bus ist ein Eindrahtbus und wurde als Bus mit niedriger Datenrate entwickelt. Die maximale Datenrate beträgt $20kBaud$. Der High-Pegel stellt die logische „1" dar und wird rezessiv auf den Bus gelegt. Die logische „0" ist der dominante Pegel und wird mit einer Busspannung von $0V$ definiert. Das Kommunikationssystem folgt einem klaren Master/Slave-Konzept, bei dem ein Teilnehmer die gesamte Kommunikation im Netzwerk steuert. Er sendet Daten oder fordert sie von anderen Teilnehmern im Netzwerk an. [52]

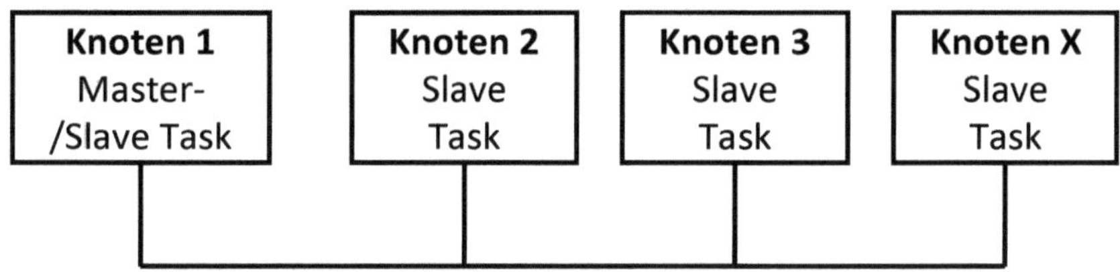

Abbildung 2.3: Aufbau eines LIN-Netzwerks nach [43]

Die Abbildung 2.3 zeigt den Aufbau eines LIN-Netzwerks. In dieser Topologie gibt es einen Master und mehrere Slaves. Der Bus ist nachrichtenorientiert und ermöglicht eine Broadcast-/ Multicast-Kommunikation. Die Kommunikation erfolgt über Tasks, die den Austausch von Nachrichten ermöglichen. Der Master-Task wird zum Senden und zur Steuern der Kommunikation benötigt. Der Slave-Task dient zum Empfangen von Nachrichten und zum Senden einer Antwort auf eine Anfrage vom Master-Task. Der Master-Knoten, in diesem Fall Knoten 1, kann sowohl senden als auch empfangen und hat daher einen Master- und einen Slave-Task. Jede Kommunikation wird von diesem Knoten initiiert und gesteuert.

Header				Response				
Break	Sync	Protected Identifier		Data 1	Data 2	...	Data x	Checksum

Response Space

Frame

Abbildung 2.4: Nachrichtenaufbau einer Botschaft im LIN Bus nach [59]

Der Nachrichtenaufbau einer jeden Botschaft ist in Abbildung 2.4 dargestellt. Jeder Zyklus beginnt mit dem Break-Feld, das den Beginn der Nachricht signalisiert. Danach werden die Synchronisationsbits und die Nachrichten-ID gesendet. In dieser ID sind auch zwei Paritätsbits enthalten. Diese Elemente bilden zusammen den Header. Nach einer Pause zur Trennung für die Antwort werden die Nutzdaten mit einer maximalen Länge von 8 Bytes gesendet[59] [42].

2.2.2 CAN - Controller Area Network

Der CAN wurde 1986 von Bosch vorgestellt und ist in der ISO-Norm 11898 standardisiert. Die physikalische Signaldarstellung ist in der Norm ISO11898-1 [41] beschrieben. ISO11898-2 [44] beschreibt den High-Speed CAN und ISO11898-3 [39] den Low-Speed CAN [59][38]. Eine weitere Abspaltung der Standards stellt der J2411 [65] in den USA dar, der auch als Single Wire CAN bekannt ist [17]. Der High-Speed CAN nutzt ein differentielles Signal zur Übertragung, die als CAN-High (CAN-H) und CAN-Low (CAN-L) bezeichnet werden.

Der CAN-Bus ist ein nachrichtenorientiertes Bussystem, bei dem alle Nachrichten als Broadcast übertragen werden. Jeder Knoten kann alle gesendeten Nachrichten lesen und verarbeiten. Außerdem ist dieses Netzwerk ein Multi-Master-System, bei dem jeder Knoten senden und empfangen kann. Die Anzahl der Teilnehmer ist protokollseitig nicht begrenzt. Allerdings ist zu berücksichtigen, dass je nach verwendetem Empfänger eine maximale Anzahl von 110 Teilnehmern an ein Netzwerk angeschlossen werden kann. Die Zustände auf dem Bus werden in dominant und rezessiv unterschieden. Ein dominanter Zustand überschreibt einen rezessiven Zustand und dient der Arbitrierung und Fehlersignalisierung. Die Bitcodierung erfolgt bei CAN durch die Non Return to Zero (NRZ)-Codierung, bei der der Zustand des Pegels auf dem Bus konstant gehalten wird, bis das nächste Bit gesendet wird [27]. Dabei kann der Pegel direkt einem der Zustände

- einer logischen „0“, das einem dominanten Pegel entspricht, und
- einer logischen „1“, das einem rezessiven Pegel entspricht,

zugeordnet werden. Die Länge des Bussystems hängt im Wesentlichen von der Datenrate der Kommunikation ab, sie kann z.B. bei $125kBaud$ bis zu $500m$ betragen. Diese Länge kann durch Koppelmodule erweitert werden.

Die Abbildung 2.5 zeigt ein typisches CAN-Netzwerk. Dieses muss aus mindestens zwei Teilnehmern bestehen und mit insgesamt 60 Ω terminiert werden. In der Regel wird je ein Widerstand mit 120 Ω am Anfang und am Ende des Netzwerks verwendet, zur Vermeidung von Reflexionen.

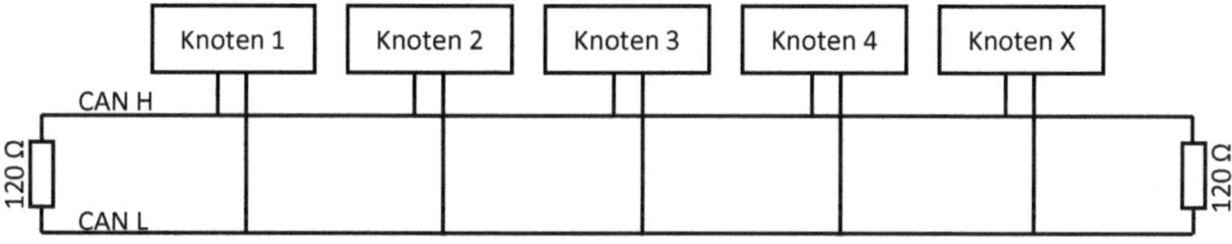

Abbildung 2.5: Aufbau eines CAN-Netzwerks [58]

Für den Buszugriff wird beim CAN-Bus das CSMA/CA-Verfahren[3] verwendet. Da es sich beim CAN-Bus um ein event-basiertes Multi-Master-System handelt, können mehrere Teilnehmer gleichzeitig einen Sendeversuch starten. In diesem Fall wird innerhalb der Arbitrierungsphase der Knoten mit der niedrigsten Nachrichten-ID bzw. der höchsten Priorität ermittelt und dieser Knoten erhält den Buszugriff. Nach einem erfolgreichen Sendevorgang beginnt der nächste Kommunikationszyklus. Der Ablauf einer Kommunikation beginnt erneut mit der Arbitrierungsphase zur Ermittlung der Nachricht mit der höchsten Priorität. Bei CAN werden vier Frames unterschieden:

- Data Frame
  Diese Nachricht dient dem Datenaustausch im Netzwerk und beinhaltet bis zu acht Bytes an Nutzdaten.

[3] Das CSMA Collision Avoidance (CA) Verfahren verhindert Kollisionen von Nachrichten am Bus, welche durch einen gleichzeitigen Sendevorgang entstehen können. Dies geschieht in der Arbitrierungsphase.

- Remote-Request Frame
  Diese Nachricht wird für die Anfrage von Daten von einem Teilnehmer im Netzwerk verwendet. Dabei wird das RTR Bit gesetzt.
- Error Frame
  Dieses Nachrichtenformat dient der Anzeige von Fehlerzuständen in der Netzwerkkommunikation, die von unterschiedlichen Fehlerursachen hervorgerufen werden kann.
- Overload Frame
  Diese Nachricht signalisiert eine Überlastung der Netzwerkkommunikation an.

Priorisierung

Die Priorisierung der Nachrichten erfolgt über die Nachrichten-ID. Dieser Teil des CAN-Frames wird zu Beginn des Kommunikationszykluses gesendet. In der Arbitrierungsphase erhält die Nachricht mit der niedrigsten ID, d.h. mit der höchsten Priorität, den Zugriff. Danach wird die Nachricht gesendet. [58]

Fehlererkennung

Um einen zuverlässigen Sendevorgang zu gewährleisten gibt es Mechanismen zur Überwachung. Dabei wird zwischen Formfehlern in der Kommunikation, falschen Pegeln am Bus oder Verletzung bestimmter Regeln unterschieden. Im Folgenden werden die Fehlermechanismen erläutert.

- Format Error
  Der Aufbau von CAN-Botschaften muss nach bestimmten festgelegten Regeln erfolgen. Ein Format Error tritt auf, wenn diese Regeln verletzt werden. Das betrifft im wesentlichen die Delimiter Bits. Diese trennen Bereiche vom CRC oder dem Bestätigungsfeld.
- Bitmonitoring
  Alle Netzknoten verfügen über eine Sende- und Empfangsleitung zum Senden und Empfangen von Nachrichten. Während des Sendevorgangs wird der Zustand des zu sendenden Signals ständig mit dem Pegel auf dem Bus verglichen. In der Arbitrierungsphase wird dieser Mechanismus verwendet um die Priorität zu bestimmen. Falls eine Abweichung festgestellt wird, zieht

sich der betreffende Knoten zurück. In jedem anderen Bereich außerhalb der Arbitrierung wird in diesem Fall die Botschaft als fehlerhaft gekennzeichnet und ein Fehlerzustand signalisiert.

- Bitstuffing
  Jeder Netzwerkknoten besitzt eine eigene Zeitbasis um die Botschaften zu interpretieren. Die zeitgebenden Bauteile, die Quarze, weisen einen alterungs- und temperaturabhängigen Drift auf. Als Drift wird die Abweichung vom Nennwert, in diesem Fall von der Frequenz, bezeichnet. Dieser Drift kann zu einer Fehlinterpretation der Nachricht und damit zu Datenverlusten führen. Um dieses Verhalten zu korrigieren, gibt es die Stuffbit-Regel. Diese schreibt einen erzwungenen Pegelwechsel nach 5 gleichen Zuständen auf dem Bus vor. Mit der Flanke des Pegelwechsels kann jeder Knoten die Zeitbasis neu synchronisieren.

- CRC Error
  Tritt bei der physikalischen Übertragung ein Bitfehler auf und wird keine der anderen genannten Regeln verletzt, so kann durch Prüfung einer Check-Summe, die nach der Übertragung der Nutzdaten gesendet wird, eine fehlerhafte Übertragung erkannt werden. Sollte in der Kommunikation ein Zustand falsch gelesen werden, tritt bei der CRC-Prüfung ein Fehler auf. In diesem Fall liegt ein CRC-Fehler vor.

- Acknowlegement Error
  Für einen erfolgreichen Sendevorgang muss die Botschaft fehlerfrei übertragen werden und diese von einem zweiten Teilnehmer im Netzwerk bestätigt werden. Dies wird mittels dem Acknowledgement-Bit in der CAN-Botschaft signalisiert. Ist kein weitere Teilnehmer vorhanden, wird die Nachricht nicht bestätigt und die Botschaft wird vom Sende-Knoten als fehlerhaft übertragen bewertet.

Bittiming

Ein Baud ist die Einheit der Symbolrate in der Übertragungstechnik. Ein Symbol gibt die kleinste zu übertragende Einheit an. In der CAN-Kommunikation entspricht ein Baud einem Bit. Da der CAN ein asynchroner Bus ist, benötigt jeder Knoten zur Interpretation eines Bauds eine interne Zeitbasis, die durch das Zeitquantum tq bestimmt wird. Anhand dieser kleinsten Zeiteinheit wird die Übertragungsgeschwindigkeit vom Netzwerk eingestellt und unterteilt sich in die vier Phasen[29]:

- Synchronization - Segment
- Propagation Time - Segment
- Phase Buffer 1 - Segment
- Phase Buffer 2 - Segment

Die Abbildung 2.6 zeigt den Aufbau eines Bit-Timings. Auf der Abszisse sind die einzelnen Zeitschritte auf der Basis des Zeitquantums aufgetragen, auf der Ordinate ist der Pegelzustand des Busses ersichtlich. [29]

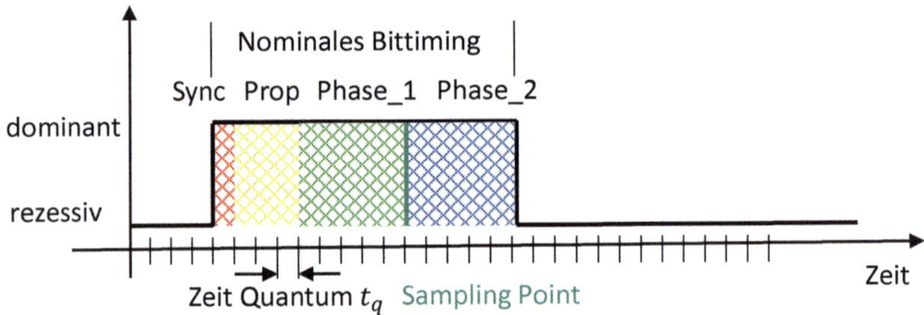

Abbildung 2.6: Bit-Timing eines Baud im CAN-Netzwerk nach [29]

Nach einem Pegelwechsel beginnt das Synchronisationssegment. Es hat eine feste Länge von einem Zeitquantum und dient zur Synchronisation des Busses mit der internen Zeitbasis. Daran schließt sich das Propagation Segment an, in dem der physikalische Zeitversatz des Netzwerkes kompensiert werden soll, um die Ausbreitungsgeschwindigkeit auf dem Bus zu berücksichtigen. Zwischen den beiden Phasenpuffersegmenten befindet sich der Sampling Point. An dieser Stelle wird der Zustand vom Bus gelesen und entsprechend als rezessiv oder dominant interpretiert. Ein weiterer Punkt ist die Sprungweite der Synchronisation (Syncronization Jump Width (SJW)), dieser Parameter gibt die maximale Variation des Sampling Points an, um den Fehler der internen Zeitbasis auszugleichen. Die Summe aller Segmente ergibt die Pulsbreite eines einzelnen Bits und somit die Baudrate des CAN-Netzwerks. Bei CAN-FD und CAN-XL kann es zwei Baudraten und auch Bit-Timing-Segmente geben, da bei diesen Netzwerken im Datenfeld ein Wechsel der Baudrate stattfinden kann.[29]

Im Folgenden werden die CAN-/CAN-FD- und CAN-XL-Nachrichten und deren Aufbau näher betrachtet und beschrieben.

CAN - Nachrichtenaufbau

Jede Kommunikationsnachricht beginnt mit einem dominanten Bit, dem Start of Frame (SoF). Es folgt das Arbitrierungsfeld, das zur Festlegung der Priorität der Botschaft dient. Die Priorität ist invertiert zur ID der Botschaft, eine niedrige ID resultiert in einer hohen Priorität der Botschaft. Das Kontrollfeld enthält drei Steuerbits (RTR, IDE und r0) und den Data Length Code (DLC), welcher die Anzahl der zu sendenden Bytes angibt. Im Anschluss dazu werden die Nutzdaten übertragen, die bis zu 8 Bytes betragen können. Zur Datensicherung folgt am Ende ein CRC Feld und zur Bestätigung der korrekten Übertragung ein Acknowlege (ACK). Am Ende der Nachricht müssen insgesamt 11 rezessive Bits übertragen werden, um die Kommunikation abzuschließen. Diese setzen sich aus Acknowledge-Delimiter (1 Bit), dem End-Of-Frame Feld (7 Bits), dem Interframe-Space (3 Bits) zusammen.

		Arbitration	Control				Data	CRC		ACK		EOF	IFS
rezessiv / dominant	SOF	11 Bit Identifier	RTR	IDE	r0	4 Bit DLC	0 - 8 Byte Daten	15 Bit CRC	DEL	ACK	DEL	7 Bit	3 Bit

Abbildung 2.7: Nachrichtenaufbau eines CAN-Frames nach [59]

Die Abbildung 2.7 zeigt den Aufbau eines Standard-Frames. Nachfolgend werden die einzelnen Nachrichtenbestandteile näher beschrieben.[67]

Start of Frame
Das Start of Frame (SoF) signalisiert den Beginn einer Botschaft. Dieses Bit wird immer dominant gesendet.

Identifier - ID
Der Identifier (ID) wird zur Identifizierung, Klassifizierung und Filterung der Nachricht verwendet. Dieser Wert wird auch für die Priorisierung der Nachricht verwendet. Je niedriger die ID, desto höher die Priorität des Frames. In der Arbitrierungsphase wird bei gleichzeitigem Sendebeginn die höchste Priorität ermittelt und dieser Knoten erhält den Buszugriff. Beim klassischen CAN kann der Identifier entweder 11 Bits oder 29 Bits lang sein. Bei 29 Bits spricht man von Extended ID.

Remote Transmission Request - RTR
Mit diesem Bit können Datenanfragen an bestimmte Knoten im Netzwerk gestellt werden. Wird dieses Bit dominant gesendet, signalisiert es die Datenanforderung und es werden keine Nutzdaten übertragen.

Identifier Extended - IDE
Dieses Bit zeigt an, dass es sich um einen Extended Identifier handelt. Nach diesem Bit werden die restlichen 18 Bits für den Extended Identifier übertragen. Dadurch erhöht sich die Anzahl der möglichen IDs von 2047 auf 536870911.

Reserved Bit - r0
Dieses Bit ist nicht genutzt und für zukünftige Zwecke reserviert.

Data Length Code - DLC
Dieser 4-Bit-Wert gibt die Anzahl der Nutzdaten an, die in der Nachricht übermittelt werden. In einem CAN-Frame können bis zu 8 Bytes an Nutzdaten übertragen werden. Der Binärwert entspricht der Anzahl der Bytes.

Daten
In diesem Feld werden die Nutzdaten von der Botschaft übertragen. Es können 0 – 8 Bytes gesendet werden.

Cyclic Redundancy Check - CRC
Um Übertragungsfehler zu erkennen und eine sichere Übertragung zu gewährleisten, gibt es das CRC Feld. Mit dieser übermittelten Information und dem Generatorpolynom von
$x^{15} + x^{14} + x^{10} + x^8 + x^7 + x^4 + x^3 + 1$ kann die Nachricht verifiziert werden.

Delimiter - DEL
Das Delimiter (DEL)-Bit wird zur Abgrenzung der einzelnen Bereiche des CRC und der Nachricht verwendet. Diese Information wird für die Formatfehlerüberwachung verwendet. Dieses Bit wird immer rezessiv übertragen.

Acknolege - ACK
Mit dem Acknowlege (ACK) Bit wird die erfolgreiche Übertragung der Nachricht durch einen zweiten Teilnehmer bestätigt. Ein rezessiver Pegel entspricht keiner Bestätigung und der dominante Pegel signalisiert eine Quittierung der Nachricht.

End of Frame - EOF
Das End of Frame (EoF)-Feld markiert das Ende des CAN-Frames und besteht aus 7 rezessiven Bits. Die Stuffbit-Regel wird hier nicht angewendet.

Inter Frame Space - IFS
Bevor eine neue Nachricht gesendet werden kann, muss das Inter Frame Space (IFS) abgewartet werden. Es besteht aus 3 rezessiven Bits.

Am Ende jeder Botschaft müssen somit 11 rezessive Bits übertragen werden bevor eine neuer Sendevorgang gestartet werden darf.

CAN Flexible Datarate - Nachrichtenaufbau

Eine Weiterentwicklung auf Basis von CAN ist das Controller Area Network Flexible Datarate (CAN-FD). Das CAN-FD-Protokoll basiert auf dem zuvor beschriebenen CAN-Protokoll. FD steht für Flexible Data Rate und kennzeichnet eine zweite Datenrate im Datenfeld. Während dieser Kommunikationsphase kann es zu einem Wechsel der Übertragungsgeschwindigkeit kommen. Dabei kann die Datenbaudrate bis zum 8-fachen der Basisbaudrate betragen. Diese Änderung wird in einem Status-Bit im Steuerfeld signalisiert. Eine weitere wesentliche Änderung ist die maximal mögliche Anzahl von Nutzdaten, die gesendet werden können. Diese beträgt bei CAN-FD bis zu 64 Bytes. [13]

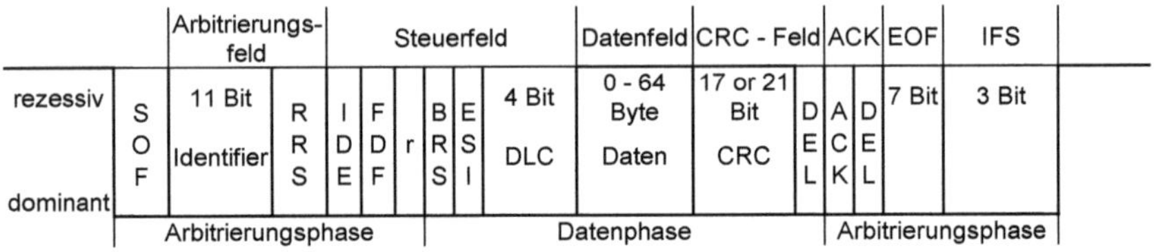

Abbildung 2.8: Nachrichtenaufbau eines CAN-FD Frames nach [59]

Die Abbildung 2.8 zeigt den Aufbau eines CAN-FD-Frames. Wie beim CAN-Frame beginnt die Kommunikation mit dem SoF, gefolgt von der Arbitrierungsphase. In dieser wird über die ID die Priorität festgelegt, je niedriger die ID desto höher ist die Priorität. Anschließend wird jedoch ein Remote Request Substitution (RRS)-Bit übertragen, das immer dominant gesendet wird. Damit bei gleichzeitigem Senden eines CAN-FD-Frames und eines CAN-Remote-Request mit gleicher ID, der CAN-FD-Frame die Arbitrierung gewinnt. Im Gegensatz zum CAN-Netzwerk ist die Funktionalität einer Nachrichtenanfrage nicht vorgesehen. Anschließend wird das IDE-Flag gesendet, um eine Exended ID zu verwenden. Das Flexible Datarate Format (FDF)-Bit zeigt an, dass die folgende Nachricht einem FD-Format entspricht und kein klassischer CAN-Frame ist. Auf ein reserviertes Bit folgt das Baud Rate Switch (BRS) Bit, um den Wechsel der Baudrate während der Datenphase einzuleiten. Das Error State Indicator (ESI)-Bit zeigt einen aktiven Fehlerzustand an. Der DLC gibt die maximal zu übertragende Nutzdatenmenge an. Bis zu einem Wert von 8 ist er identisch mit dem klassischen CAN. Bei größeren Datenmengen werden diese kodiert und können in der DLC-Beschreibung nachgelesen werden. Anschließend werden bis zu 64 Bytes Nutzdaten übertragen. Das Ende der Nachricht bilden CRC, Acknowledge und EoF mit dem IFS.[68]

Im Folgenden wird auf die unterschiedlichen Bits und Flags im Vergleich zum CAN-Netzwerk eingegangen:

Remote Request Substitution - RRS
Dieses Bit wird immer dominant gesendet und ersetzt das Remote Transmission Request (RTR) Flag vom klassischen CAN-Frame.

Substitute Remote Request - SRR
Im Falle einer Extended Frame ID mit 29 Bit wird dieses Flag anstelle des Remote Request Substitution (RRS) gesendet, der Zustand wird jedoch nicht erfasst.

FD Format - FDF
Dieses Bit zeigt an, dass es sich um einen CAN-FD-Frame und nicht um einen klassischen CAN-Frame handelt.

Baudrate Switch - BRS
Dieses Bit zeigt an, ob für die Datenphase ein Vielfaches der Baudrate verwendet wird. Bei dem Abtastpunkt dieses Bits erfolgt die Baudratenumschaltung.

Error State Indicator - ESI
Das ESI-Bit zeigt einen aktiven Fehlerzustand an, wenn es dominant gesendet wird. Andernfalls liegt kein Fehler vor.

Data Length Code - DLC
Der DLC ist im Wertebereich 0-8 identisch zum klassischen CAN. Wird eine größere Datenmenge übertragen, erfolgt ab dem Wert 8 eine Codierung des DLC. Dieser ist in der Tabelle 2.1 aufgelistet. Beim CAN-FD kann der DLC maximal den Wert 15 annehmen, dieser Wert steht für eine Datenmenge von 64 Bytes.

Cyclic Redundancy Check - CRC
Der CRC dient, wie bei der CAN Nachricht, der Sicherstellung der Übertragung. Das Verfahren basiert auf der Polynomdivision, wobei der Grad des Polynoms an die zu übertragende Datenmenge angepasst wird. Da der CAN-FD-Frame wesentlich länger sein kann, wird auch die Fehlererkennung erweitert werden. Diese ist bei CAN-FD entweder 17 oder 21 Bits lang. Damit können Übertragungsfehler zuverlässig erkannt werden.

Tabelle 2.1: Anzahl Bytes - DLC [59]

Anzahl Bytes	DLC -Wert
0-8	identisch zum klassischen CAN
12	9
16	10
20	11
24	12
32	13
48	14
64	15

CAN Extra Long - Nachrichtenaufbau

Die neueste Weiterentwicklung von CAN ist CAN-XL. Dieser Standard unterstützt alle zuvor definierten CAN- und CAN-FD-Frames. Wie bei CAN-FD kann es bei der Datenübertragung zu einer Änderung der Datenrate kommen. Eine Neuerung ist der Wechsel von einem 11-Bit Identifier zu einem Priority-Feld und einem 32-Bit Acceptance-Feld. Durch integrierte Funktionen können höhere Schichten des OSI-ISO-Schichtenmodells[4] angesprochen werden. Die Bitcodierung kann von NRZ auf ein Pulse Width Modulation (PWM)-moduliertes Signal[5] umgestellt werden. Diese Umsetzung ermöglicht Datenraten von 10 $Mbit/s$ und mehr. Die maximale Datenmenge kann bis 2048 Bytes groß sein. Dies bietet die Möglichkeit, eine Media Access Control (MAC)-Datennachricht in eine CAN-XL-Nachricht zu integrieren. Ein MAC-Frame wird bei der Ethernet-Kommunikation verwendet, sodass mittels eines CAN-XL-Netzwerks auch über Ethernet-Protokolle kommuniziert werden kann.[11][7]

[4] Das Open Systems Interconnection Model (OSI)-International Organization for Standardization (ISO) Schichtmodell ist ein Referenzmodel für Kommunikation und Protokolle und besteht aus 7-Schichten.

[5] Dieser Teil des Standard ist Stand heute noch nicht definiert.[7]

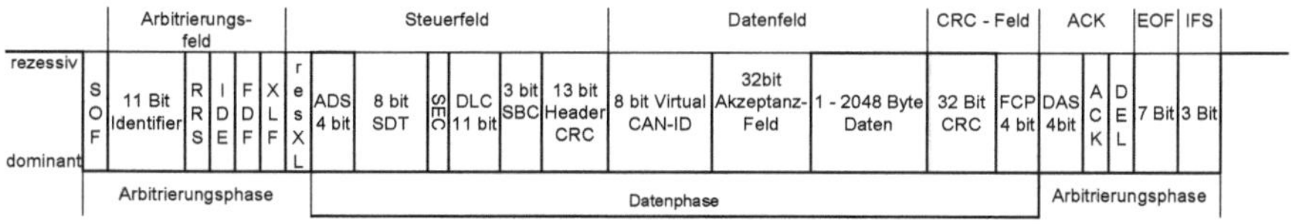

	Arbitrierungsfeld						Steuerfeld						Datenfeld			CRC - Feld		ACK			EOF	IFS
SOF	11 Bit Identifier	RRS	IDE	FDF	XLF	resXL	ADS 4 bit	8 bit SDT	SEC	DLC 11 bit	3 bit SBC	13 bit Header CRC	8 bit Virtual CAN-ID	32bit Akzeptanz-Feld	1 - 2048 Byte Daten	32 Bit CRC	FCP 4 bit	DAS 4bit	ACK	DEL	7 Bit	3 Bit
Arbitrierungsphase							Datenphase											Arbitrierungsphase				

(rezessiv / dominant)

Abbildung 2.9: CAN-XL Frame nach [11]

Die Abbildung 2.9 zeigt die Struktur eines CAN-XL Frames. Wie bei den vorherigen Frames gliedert sich der Frame in drei Bereiche, die Arbitrierungsphase, die Datenphase und das Ende des Frames. Der Header ist ähnlich dem des CAN-FD. Zusätzlich gibt es das Extra Long Format (XLF) Flag, um einen XL-Frame zu signalisieren. Das Kontrollfeld unterscheidet sich von den oben beschriebenen. Diese Unterschiede ergeben sich aus der Möglichkeit, MAC-Frames in einen CAN-XL-Frame zu integrieren. Eine detaillierte Beschreibung des Ethernet-Frames findet sich im Kapitel 2.2.4, den Grundlagen zu Ethernet.

CAN-XL bietet auch die Möglichkeit eine Klassifizierung anhand des Payload Types vorzunehmen. Im Anschluss wird ein Stuff Bit Count (SBC) übertragen, welches die Anzahl an eingefügten Stuffbits mitteilt. Die korrekte Übertragung des Arbitrierungs- und Steuerfelds gewährleistet ein 13-Bit CRC Feld. Es folgt das Datenfeld mit der virtuellen CAN-ID, dem Akzeptanzfeld und den Daten. Die Übertragung der Daten wird mit dem nachfolgenden 32-Bit CRC gesichert. Der Abschluss ist ein Format Check Feld, gefolgt vom Bestätigungsfeld und dem EoF. Das 13-Bit Preface CRC (PCRC)-Feld, zusammen mit dem Frame CRC (FCRC) ermöglicht eine Fehlererkennung. Diese hat eine Hamming-Distanz[6] von 6. [61] [70][60][30]

Im Folgenden wird auf die Bits und Flags eingegangen, die sich zu CAN-FD unterscheiden:

[6]Die Hamming-Distanz gibt Auskunft über die Zuverlässigkeit von der Erkennung bei Übertragungsfehlern. Sie gibt die Anzahl an abweichenden Bits gegenüber eine gültigen Folge an [53].

Extra Long Format (XLF) - XLF
Signalisiert allen Teilnehmern, dass die gesendete Nachricht einem CAN-XL Format entspricht.

Arbitration Data Sequence - ADS
In diesem Feld wird von der Baudrate des Arbitrierungsfeldes auf die Baudrate des Datenfeldes umgeschaltet.

Service Data Unit Type - SDT
Dieses Feld klassifiziert den Inhalt des CAN-XL-Frames und wirkt sich auf die gesamte Nachricht aus. Die aktuell definierten Zustände für den Service Data Unit Type (SDT)-Wert sind in der Tabelle 2.2 aufgelistet. Diese Einstellung beeinflusst die Virtual CAN Network ID (VCID) und das Acceptance Field (AF) Feld [60].

Tabelle 2.2: CAN-XL Payload Type [60]

Beschreibung	SDT	VCID	AF	Datenfeld
Inhaltsbasierende Addressierung	0x01	-	Message ID	CAN Daten
Knoten Addressierung	0x02	-	Ziel Addresse | Absender Addresse	CAN Daten
CAN & CAN-FD Frame Tunnel	0x03	-	CAN Frame ID	CAN & CAN-FD Frame
IEEE802.3 (Ethernet) Tunnel	0x04	-	Benutzerdefiniert	Ethernet Frame
IEEE802.3 (Ethernet) mapped Tunnel	0x05	VLAN ID	Gekürze Ziel MAC Addresse	Ethernet Frame

Die Information des SDT ist ähnlich der des Ethernet-Typs, bei einer Ethernet-Kommunikation. Es wird zwischen den oben genannten Werten unterschieden, die den Inhalt des Datenfeldes angeben. Dies kann eine klassische ID-basierte Kommunikation sein. Eine andere Möglichkeit ist die Kommunikation über eine Ziel- und Absenderadresse. Ebenso können aufgrund der großen Datenmengen Datenframes nach dem Standard IEE802.3 - Ethernet versendet werden.

Data Arbitration Sequence - DAS
Innerhalb des DAS-Felds wird die Baudrate mit der höheren Datenrate von der Datenphase auf die Datenrate des Arbitrierungsfeldes gewechselt.

Stuff Bit Count - SBC
Dieses Feld gibt die Anzahl der dynamisch hinzugefügten Stuff-Bits in der Arbitrierungsphase an. Gültige Werte liegen im Bereich 0 – 3. Sie sind codiert und mit einem geraden Paritätsbit[7] versehen. [12]

Cyclic Redundancy Check - CRC
Im Vergleich zu CAN und CAN-FD verwendet CAN-XL zwei CRC. Der erste Preface CRC (PCRC) stellt die korrekte Übertragung des Headers sicher und wird mit einer Länge von 13 Bits gesendet. Die zweite Prüfsumme Frame CRC (FCRC) wird nach den Nutzdaten gesendet und hat eine Länge von 32 Bits. Durch diese Maßnahmen ist die gesamte Übertragung sichergestellt und es ergibt sich eine Hamming-Distanz von 6 über die Arbitrierungs- und Datenphase. Mittels diesen beiden Prüfsummen können Nachrichten bis zu einer Länge von 2048 Bytes zuverlässig übertragen werden.

Tabelle 2.3 zeigt einen Vergleich der drei vorgestellten CAN-Protokolle, um die Alleinstellungsmerkmale zwischen den drei Protokollen ausarbeiten zu können. Dabei werden die maximalen Datenraten, die maximale Anzahl an Daten und die Prüfverfahren verglichen.

Der klassische CAN besitzt eine maximale Datenrate von 1 $MBaud$ und eine maximale Länge von 8 Bytes Nutzerdaten. Die Übertragung wird mit einem 15-Bit CRC abgesichert.

Der CAN-FD ist eine Weiterentwicklung um den Anforderungen an eine gestiegene Datenkommunikation gerecht zu werden. Dabei wurden die maximalen Nutzerdaten um den Faktor 8 auf 64 Bytes erhöht und ebenso gibt es im Datenfeld eine Erhöhung der Übertragungsgeschwindigkeit, die ebenso bis zu einem ganzzahligen Faktor bis zum achtfachen betragen kann. Somit gibt es beim CAN-FD zwei Baudraten, jeweils für die Arbitrierungsphase und eine für die Datenphase.

[7] Das Paritätsbit ist eine Ergänzung und dient der Sicherstellung des übertragenen Bitcodes. Es wird zwischen geraden und ungeraden Paritätsbits unterschieden.

Die neueste Generation ist das CAN-XL-Protokoll. In diesem Entwicklungsschritt wurden die Aspekte von höheren Schichten des ISO-OSI Schichtmodells berücksichtigt, um mit Ethernet im Fahrzeug konkurrieren zu können. Dieser Bus ist für Sensoren mit gesteigertem Kommunikationsbedarf geeignet, da die Nutzdaten auf bis zu 2048 Bytes erhöht werden können. Auch gibt es Bestrebungen die Datenrate auf bis zu 20 $Mbit/s$ zu steigern. Für die Sicherstellung der Übertragung von solchen Nachrichten gibt es zwei CRC Felder, einmal mit 13 Bits und einmal am Ende der Nachricht mit 32 Bits.

Tabelle 2.3: Vergleich der CAN Technologien

	CAN	CAN-FD	CAN-XL
ID	11 & 29 Bits	11 & 29 Bits	11 Bits
Nutzerdaten	0-8 Bytes	0-64 Bytes	1-2048 Bytes
CRC	15 Bits	17 /21 Bits	PCRC: 13 Bits FCRC: 32 Bits
Datenrate Arbitrierung	0-1 Mbit/s	0-1 Mbit/s	0-1 Mbit/s
Datenrate Daten	-	bis 8Mbit/s	bis 20 Mbit/s

2.2.3 FlexRay

FlexRay ist in der ISO 17458 standardisiert und wurde in Hinblick an die hohen Anforderungen an die Kommunikation für X-by-Wire-Anwendungen entwickelt [2][3]. Dahinter steht die Nachfrage nach einem echtzeitfähigen, deterministischen Bussystem mit einer höheren Übertragungsrate als beim klassischen CAN-Bus. Der Zugriff auf das Kommunikationsmedium wird durch Time Division Multiple Access (TDMA) geregelt. Dabei hat jeder Teilnehmer ein Zeitfenster zur Kommunikation. Dieses Netzwerk verfügt über zwei getrennte Kanäle, Kanal A und Kanal B. Steuergeräte können entweder an einem oder an beiden Kanälen angeschlossen werden. Die Kommunikation ist für die Steuergeräte nur auf den angeschlossenen Kanälen möglich. Die

Abbildung 2.10 zeigt ein FlexRay-Netzwerk. Als Netzwerk-Topologie kann zusätzlich zum Bus auch ein passiver oder aktiver Stern verwendet werden. Die maximale Datenrate beträgt 10 $MBit/s$. Ab der Protokollversion 3 sind auch Datenraten von $2,5$ $MBit/s$ oder 5 $MBit/s$ möglich. Als Verbindungskabel wird ein UTP-Kabel verwendet und die Terminierung sollte zweimal $80-110\,\Omega$ betragen. [76][4][5][6]

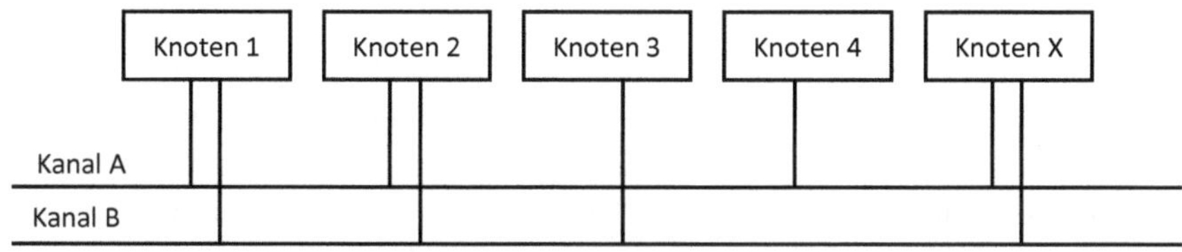

Abbildung 2.10: Aufbau eines FlexRay Netzwerks [76]

Der Bitzustand wird sowohl bei logischer „0“ als auch bei logischer „1“ als dominierender Pegel auf dem jeweiligen Kanal übertragen. Die Differenzspannung des differentiellen Signales zwischen Bus-Plus und Bus-Minus beträgt $+1V$ bzw. $-1V$.

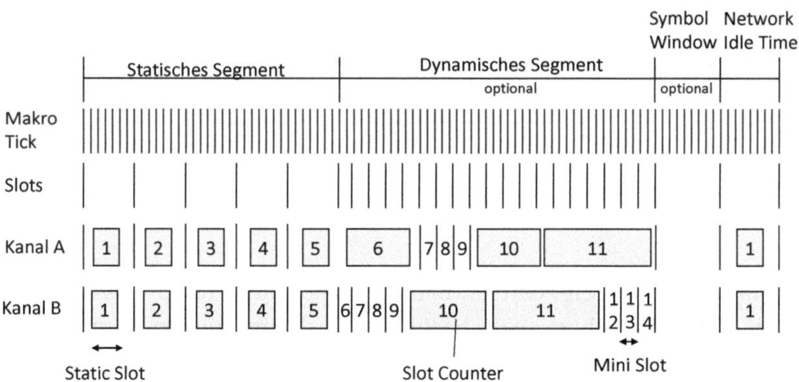

Abbildung 2.11: Kommunikationssyklus eines FlexRay Netzwerks [76]

Die Kommunikation erfolgt in Kommunikationszyklen, die in statische und dynamische Segmente unterteilt sind. Nach dem Start und der Synchronisation aller Netzknoten beginnt der Kommunikationszyklus. Das statische Segment besteht aus einer bestimmten Anzahl von Zeitslots, die alle gleich lang sind. In diesem Teil der Kommunikation wird zeitsynchron auf Kanal A und Kanal B gesendet. Jedes Steuergerät, welches im statischen Segment sendet, verfügt über einen eigenen Zeitslot, innerhalb dessen eine Nachricht gesendet werden kann.

Die Abbildung 2.11 zeigt schematisch einen Kommunikationszyklus. Im statischen Segment müssen mindestens zwei Slots vorhanden sein und sie können bis auf 1023 erweitert werden. Im dynamischen Segment basiert die Kommunikation auf Minislots. Diese sind wesentlich kürzer als die Slots im statischen Segment. In diesem Bereich können die Nachrichten eine beliebige Länge haben. Die Slotlängen müssen nicht synchron auf Kanal A und B gesendet werden. Unabhängig davon, ob es sich um ein statisches oder dynamisches Segment handelt, wird der Slot-Zähler nach jeder erfolgreichen Übertragung erhöht, ebenso wenn ein neuer Mini-Slot beginnt. Die maximale Anzahl aller Zeitslots, sowohl im statischen als auch im dynamischen Teil, beträgt 2047. Bei FlexRay kann es bis zu 64 verschiedene Kommunikationszyklen geben, die im Zeitablauf durchlaufen werden.

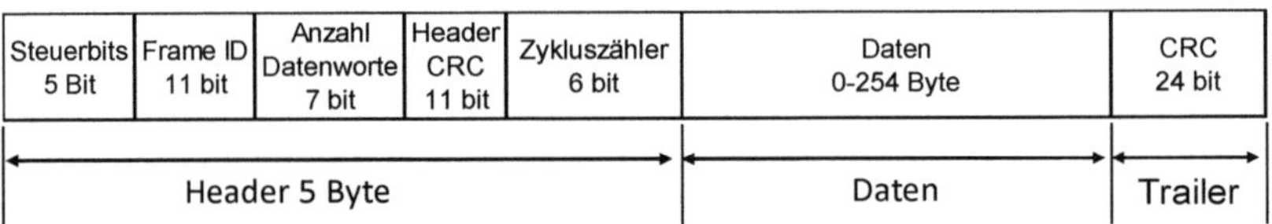

Abbildung 2.12: Nachrichtenaufbau eines FlexRay Frames [76]

Die Abbildung 2.12 zeigt den Aufbau eines FleyRay-Frames. Zu Beginn werden fünf Steuerbits übertragen, bestehend aus dem Startup Frame Indicator Bit, einem Sync Frame Bit, dem Zero Frame Indicator Bit und dem Payload Preamble Indicator Bit. Das fünfte Bit ist reserviert. Danach wird die 11-Bit lange Frame-ID gesendet, gefolgt von der Information über die Anzahl der

Datenworte[8]. Der Header wird mit einem 11-Bit CRC sichergestellt und mit dem aktuellen Zykluszähler ergänzt. Nach dem 5 Bytes langen Header werden die 0-128 Datenworte bzw. 0-256 Datenbytes übertragen. Die Übertragung wird mit einer 3 Bytes langen Prüfsumme sichergestellt.

Steuerbits

Am Anfang jeder Nachricht werden fünf Steuerbits übertragen. Das erste Bit ist reserviert und wird als logisch „0“ gesendet. Das zweite Bit ist das Payload Preamble Indicator Bit. Dieses Bit hat je nach Segment zwei Bedeutungen. Im statischen Segment bedeutet ein gesetztes Bit, dass zu Beginn des Payload-Segments Managementparameter für das Netzwerk gesendet werden. Im dynamischen Segment signalisiert ein gesetztes Bit eine ID im Payload-Segment. Das dritte Bit ist der Null-Frame-Indicator. Wenn eine „0“ gesendet wird, bedeutet dies, dass der gesendete Frame keine Nutzdaten enthält. Das vierte Bit ist das Sync-Frame-Indicator-Bit. Analog zum Null-Frame zeigt eine „0“ einen Sync-Frame an. Das letzte Bit ist das Startup-Frame-Indicator-Bit. Eine „1“ zeigt an, dass der Frame für den Startup und die Synchronisation verwendet wird.

Frame ID
Die Frame-ID ist zugleich die Slot-ID. Nur in dem jeweiligen Slot darf diese Botschaft gesendet werden.

Anzahl Datenworte
Die 7 Bits große Payload Length gibt die halbe Anzahl der gesendeten Datenmenge an, da eine 7 Bits große Zahl nur den Wertebereich von $0-127$ darstellen kann.

Header CRC
Die Übertragung des Headers wird mit einem CRC sichergestellt. Dieser ist 11-bit groß und wird mit dem Generatorpolynom von $x^{11}+x^9+x^8+x^7+x^2+1$ berechnet.

[8]Ein Datenword entspricht dem Datentyp „Word“, das 16 Bits bzw. zwei Bytes groß ist.

Zykluszähler
Der 6-Bit-Zykluszähler stellt den globalen Kommunikationszyklus im FlexRay-Netzwerk dar. Basierend auf diesem Zähler können bis zu 64 verschiedene Kommunikationszyklen existieren.

Daten
In diesem Feld werden die Nutzdaten jedes Frames gesendet. Es können 0 – 256 Bytes gesendet werden. Wenn das Payload Preamble Indicator Bit gesetzt ist, werden Netzwerkmanagementparameter oder eine Nachrichten-ID gesendet.

CRC
Am Ende jeder Nachricht wird ein CRC gesendet. Bei FlexRay ist der CRC 24 Bits groß. Das Generatorpolynom entspricht:
$x^{24} + x^{22} + x^{20} + x^{19} + x^{18} + x^{16} + x^{14} + x^{13} + x^{11} + x^{10} + x^{8} + x^{7} + x^{6} + x^{3} + x + 1.$

2.2.4 Ethernet

Ethernet wurde ursprünglich als Bustopologie entwickelt, aber aufgrund der Eigenschaft, dass die Bandbreite bei höheren Buslasten einbricht, werden moderne Netzwerke sternförmig aufgebaut. In solchen Netzwerken sind die Verbindungen Punkt-zu-Punkt und der zentrale Knoten übernimmt die Verteilung der Datenpakete. Diese Kommunikation ist in IEEE 802.3 standardisiert, wobei unterschiedliche Datenraten und Übertragungseigenschaften eingestellt werden können [56].

- 10 MBit/s
- 100 MBit/s
- 1000 MBit/s
- 2,5 GBit/s
- 10 GBit/s
- 100 GBit/s
- 200 GBit/s

- 400 GBit/s

Das Buszugriffsverfahren ist Carrier Sense Multiple Access (CSMA) mit Collision Detection (CD)[9]. Bei diesen Bussystemen wird zwischen Full- und Half-Duplex unterschieden. Bei Full-Duplex können Nachrichten gleichzeitig gesendet und empfangen werden. Bei Half-Duplex kann ein Vorgang nur seriell erfolgen. Als Kabel kann in der Netzwerktechnik ein UTP oder Foiled Twisted Pair (FTP) Kabel mit 4 oder 8 Adernpaaren verwendet werden.

Die Abbildung 2.13 zeigt einen Ethernet Frame. Zu Beginn wird eine Präambel sowie der Start Frame Delimiter gesendet. Letzterer dient teilweise auch zur Synchronisation. Da Ethernet adressbasiert arbeitet, werden anschließend die Ziel- und die Quell-MAC-Adresse gesendet. Jede dieser MAC-Adressen ist vom Hersteller eindeutig festgelegt. Ebenso können Multi- und Broadcast-Nachrichten im Netzwerk versendet werden. Das Feld VLAN Tag ist ein optionales Feld, um in virtuellen Subsystemen kommunizieren zu können. Der Ethernet-Typ oder

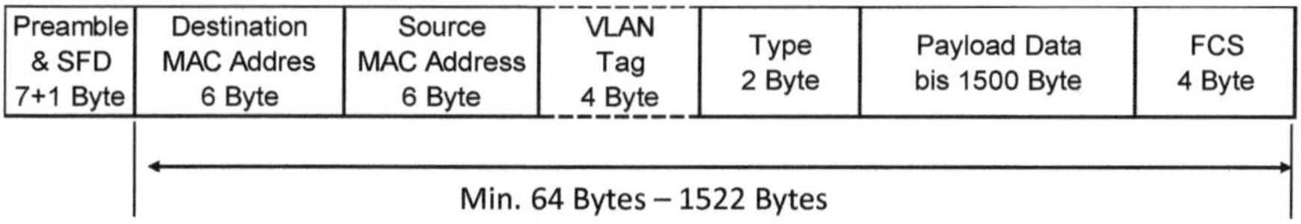

Preamble & SFD 7+1 Byte	Destination MAC Addres 6 Byte	Source MAC Address 6 Byte	VLAN Tag 4 Byte	Type 2 Byte	Payload Data bis 1500 Byte	FCS 4 Byte

Min. 64 Bytes – 1522 Bytes

Abbildung 2.13: Nachrichtenaufbau eines Ethernet Frames nach [55]

Type enthält Informationen über die Klassifizierung des nachfolgenden Datenfeldes. Ein IPv4-Paket enthält den Typ 0x800(hex). Das folgende Datenfeld kann bis zu 1500 Bytes umfassen. Mindestens 64 Bytes müssen inklusive der MAC-Adresse gesendet werden oder die Nutzdaten werden bis zu dieser Anzahl aufgefüllt. Abschließend erfolgt die Übertragung der CRC-Prüfsumme. Nach einer Übertragung muss ein Mindestabstand von 96 Bits, der Interframe Space, eingehalten werden. Im Folgenden wird auf zwei Bussysteme eingegangen, die für automotive Anwendungen adaptiert wurden und im Rahmen dieser Arbeit relevant sind [55][56][25].

[9] Bei diesem Verfahren sind mehrere Teilnehmer an einem gemeinsamen Bus und jeder Teilnehmer erkennt eine Kollision am Netzwerk

100Base-T1/1000Base-T1 und 10Base-T1S

Auch bekannt als Automotive Ethernet, ist 100/1000Base-T1 eine Adaption des klassischen Ethernet. Ein wesentlicher Unterschied zum Ethernet ist die Verwendung eines Unshielded Twisted Pair (UTP)-Kabels. Statt zwei oder vier Aderpaaren wird nur ein Aderpaar verwendet. Daraus ergeben sich höhere Anforderungen an die Signalübertragung und Kodierung. Der Bitstrom wird beim 100Base-T1 anhand einer Pulse Amplitude Modulation mit drei Zuständen (PAM3) moduliert und übertragen [24] [1] [57].

Das Netzwerk 10Base-T1S bildet in dieser Reihe eine Ausnahme, da dieses Netzwerk nicht wie üblich als Punkt-zu-Punkt Verbindung, sondern als Bustopologie verwendet wird. Grundsätzlich wird das CSMA/CD Verfahren angewendet, jedoch wird bei diesem Netzwerk eine Erweiterung mit dem Namen PHY Level Collision Avoidance (PLCA) verwendet. Bei diesem Zugriffsverfahren wird in einer festgelegten Reihenfolge gesendet. Zu Beginn jeder Kommunikationsrunde wird ein spezielles Symbol, ein sogenannter Beacon gesendet, um allen Teilnehmern im Netzwerk diese Information mitzuteilen. [55] [74]

2.3 Grundlagen der Künstlichen Intelligenz

KI hat in den letzten Jahren stark an Bedeutung gewonnen, um große Datenmengen analysieren und auswerten zu können. Diese Wissenschaft beschäftigt sich mit der Fähigkeit, menschliche Denk-, Entscheidungs- und Argumentationsmuster zu erlernen und in mathematische Modelle umzusetzen. [15] [45] Der Begriff der Künstlichen Intelligenz ist sehr weit gefasst und wird in verschiedene Bereiche unterteilt.

Die Abbildung 2.14 zeigt eine Einteilung der Künstlichen Intelligenz nach [49]. Es gibt vier übergeordnete Bereiche:

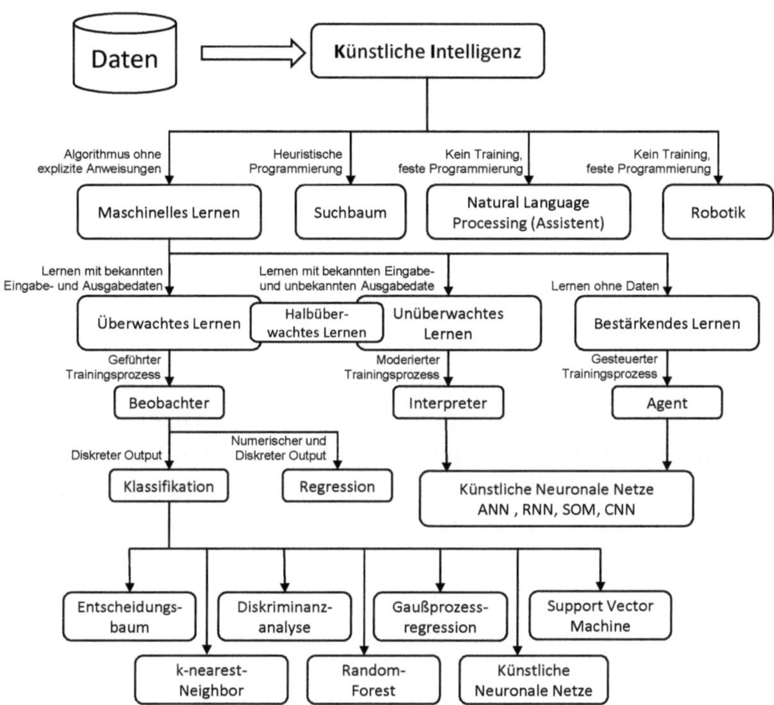

Abbildung 2.14: Übersicht verschiedener KI-Methoden nach [49]

- Natural Language Processing
- Suchbaum
- Maschinelles Lernen
- Robotik

Für die vorliegende Arbeit ist das maschinelle Lernen ein wichtiger Aspekt, das in überwachtes, unüberwachtes und bestärkendes Lernen eingeteilt werden kann. Für die Auswahl geeigneter Algorithmen ist eine Analyse der Eingangs- und Ausgangsparameter hilfreich. Bei diskreten Ein-/Ausgabewerten ist ein überwachtes Lernen mit der Unterkategorie Klassifikation geeignet. Für die folgenden Methoden liegt der Schwerpunkt auf Klassifikationsverfahren, da die Ein- und Ausgabewerte diskrete Klassen sind.[26] [22][32]

Im Folgenden wird ein Überblick über die KI-Verfahren gegeben.

2.3.1 Suchbaum

Mit dieser Art der künstlichen Intelligenz ist es möglich, Entscheidungsgrundlagen in einen Algorithmus zu übertragen, die dem menschlichen Vorbild entsprechen. Einer der wichtigsten Algorithmen sind die A*-Algorithmen, die in die Klasse der informativen Suchalgorithmen eingeordnet werden. Als Grundlage für die Suche nach dem Optimum werden gewichtete Diagramme formuliert und ausgehend von einem Startpunkt eine Kostenfunktion aufgestellt. Diese Kosten stellen die Zielgröße dar. Ausgehend vom Startpunkt wird der Weg des geringsten Widerstandes gesucht, bis ein definiertes Abbruchkriterium erfüllt wird.[14] Die Auswahl der Pfade und Nebenpfade erfolgt durch ein heuristisches Verfahren, das darauf abzielt, mit begrenztem Wissen durch analytische Schätzverfahren Aussagen über ein System zu treffen. In jeder Iteration wird berechnet, welche Pfade bevorzugt und damit verlängert werden sollen. Der Algorithmus wählt die Pfade mit den geringsten Kosten $f(n)$:

$$f(n) = g(n) + h(n) \qquad \text{Gl. 2.1}$$

Dabei ist n der Name des nächsten Knotens, $g(n)$ sind die Gesamtkosten von Start bis zum Knoten n und $h(n)$ eine heuristische Funktion, die die Kosten bis zum Ziel des Pfades abschätzt.

2.3.2 Robotik

Robotik zeichnet sich durch eine feste Programmierung und kein Training aus, d.h. das Verhalten ist durch die Programmierung festgelegt. Nach [49] wird Robotik bevorzugt für Chatbots eingesetzt.

2.3.3 Maschinelles Lernen

Ein Teilbereich der künstlichen Intelligenz ist das maschinelle Lernen, bei dem nicht feste Abläufe programmiert werden, sondern das System in die Lage versetzt wird, auf einer großen Datenbasis Abläufe und Gesetzmäßigkeiten zu erkennen. Der Fokus liegt auf dem selbstständigen Lernen bzw. Trainieren und der Ausgabe eines Programmcodes. Ein wesentlicher Punkt liegt in der Generierung statistischer Modelle, die auf Basis der bekannten Daten unbekannte Datensätze analysieren und klassifizieren können. Die wichtigsten Klassifikationen des maschinellen Lernens sind das:

- Überwachte Lernen
- Unüberwachte Lernen
- Bestärkende Lernen.

Überwachtes Lernen

Bei überwachtem Lernen oder Supervised Learning müssen die Eingangszustände und die Zielgrößen in bekannter Form vorliegen. Dieses Verfahren erfordert zu Beginn einen höheren Aufwand in der Trainingsphase. Typischerweise gliedert sich der Prozess in eine Trainingsphase, die mit einem Großteil der Daten durchgeführt wird, und eine Validierungsphase. Innerhalb des Trainings wird nach Mustern zwischen den Eingangs- und Zielgrößen gesucht, die auf unterschiedlichen Funktionen beruhen. Beispielsweise können Polynomfunktionen, Gaußprozesse oder ähnliche Verfahren verwendet werden. In Abhängigkeit von den Eingangsdaten wird beim überwachten Lernen zwischen Klassifikation und Regression unterschieden. Liegt eine diskrete Datenbasis vor, empfiehlt sich die Klassifikation. Sind die Daten jedoch numerischer und kontinuierlicher Natur, wird tendenziell die Regression eingesetzt. [47]

Unüberwachtes Lernen

Das unüberwachte Lernen oder Unsupervised Learning ist für kontinuierliche und diskrete Eingangsgrößen anwendbar. Dieser Algorithmus eignet sich vor allem für sehr große Datenmengen, wenn die Korrelationen zwischen den Daten nicht eindeutig sind und nur mit großem Aufwand generiert werden können. Im Vergleich zum Supervised Learning liegt der Schwerpunkt nicht auf der Bildung von Korrelationen zwischen Eingangs- und Ausgangsgrößen, sondern auf der Charakterisierung der Daten. Beim Unsupervised Learning wird zwischen Clustering und Assoziation unterschieden.

2.4 Stand der Technik

In diesem Abschnitt wird der Stand der Technik von drei Bereichen betrachtet. Der erste ist die Messdatenanalyse, der zweite die Erkennung einer Baudrate bei Standard-CAN-Netzwerken und der dritte Bereich betrifft die Identifizierung einer VNA. Im ersten Bereich wird die Signalanalyse für die Erfassung der Messdaten von der Methode behandelt. Damit wird die Bestimmung der erforderlichen Größen ermöglicht. Im zweiten Bereich wird eine Softwarelösung von der Firma Vector Informatik GmbH vorgestellt, um eine unbekannte Baudrate eines CAN-Netzwerks zu bestimmen. Der letzte Bereich beschäftigt sich mit der Identifikation eines Netzwerks anhand von zwei Möglichkeiten. Die erste ist auf Basis von Netzwerkbeschreibungen und die zweite auf einem diagnose-basiertem Ansatz.

2.4.1 DeepMeasure - Messdatenanalyse

Der Hersteller Pico Technology ist einer der führenden Hersteller von PC-Messtechnik und bietet eine umfangreiche Signalanalyse für Oszilloskope an. Diese wird DeepMeasure genannt und analysiert ein Signal auf seine Eigenschaften. [16] [36] [37] Folgende Messgrößen werden bei der DeepMeasure-Analyse untersucht [54]:

In der Abbildung 2.15 sind die Messgrößen an einem Beispielsignal dargestellt. Im Detail wird im Folgenden auf die Messgrößen eingegangen.

Taktzeit
Der Ablauf wird in Taktzyklen unterteilt. Jeder dieser Messwerte besteht aus zwei Halbwellen, einer positiven und einer negativen Halbwelle.

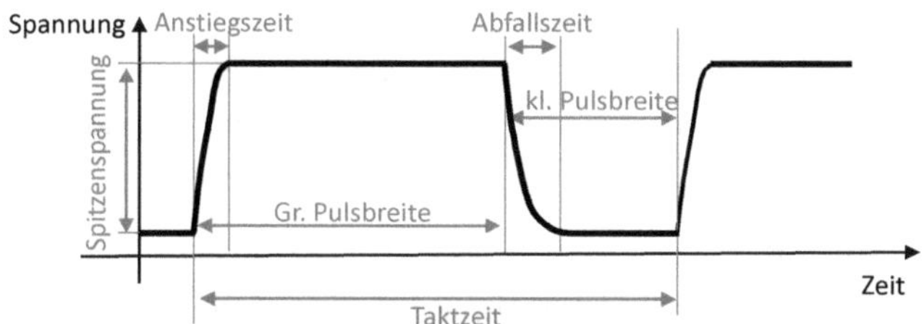

Abbildung 2.15: Messgrößen in der DeepMeasure Analyse

Frequenz
Die Signalfrequenz ist der Kehrwert der Zykluszeit und gibt den Wert in Hertz an.

Geringe und große Pulsbreite
Bei der Impulsbreite wird zwischen großer und kleiner Impulsbreite unterschieden, diese Werte geben die Dauer der positiven bzw. negativen Halbwelle an.

Tastverhältnis (hoch/niedrig)
Das Tastverhältnis wird wie die Impulsbreite in einen hohen und niedrigen Wert unterschieden. Dieser Wert gibt das Verhältnis des Anteils der großen Pulsbreite bzw. der kleinen Pulsbreit zur Taktzeit an. In den Gleichungen Gl. 2.2 und Gl. 2.3 sind die Berechnungen für diese Werte dargestellt.

$$D_{hoch} = \frac{Gr.Pulsbreite}{Taktzeit} \qquad \text{Gl. 2.2}$$

$$D_{niedrig} = \frac{kl.Pulsbreite}{Taktzeit} \qquad \text{Gl. 2.3}$$

Anstiegs-/ Abfallzeit
Die Anstiegs- und Abfallzeit gibt Auskunft über die Flankensteilheit des Signals an und gibt die Zeitdauer der Signaländerung von zwei Zuständen an.

Minimal/ Maximal Spannung
Die Spitzenwerte der Spannung werden für jeden Taktzustand ermittelt und ausgegeben. Es werden sowohl die minimalen als auch die maximalen Spannungen erfasst.

Spitzenspannung
Die Spitzenspannung wird auch als Peak-to-Peak-Spannung bezeichnet. Sie ist die maximale Spannungsdifferenz zwischen der minimalen und der maximalen Spannung.

Start-/ Endzeitpunkte
Die Startzeitpunkte sowie die Endzeitpunkte eines jeden Taktes werden auch absolut vom Startzeitpunkt der Messung aufgezeichnet.

2.5 Baudratendetektion - Scan der Baudrate

Die Vector Informatik GmbH ist ein bedeutender Entwickler von Hard- und Software für die Fahrzeugentwicklung und -diagnose. Das Produktportfolio umfasst umfangreiche Werkzeuge zur CAN-Analyse sowie Schnittstellen zu physikalischen Bussystemen. Ein Beispiel hierfür ist das Programm „CANoe“, das zur Entwicklung und zum Testen von Steuergeräten und Gesamtsystemen verwendet wird. Die Hardwarekonfiguration wird in Abbildung 2.16 dargestellt und zeigt das Produkt VN1610.[71]

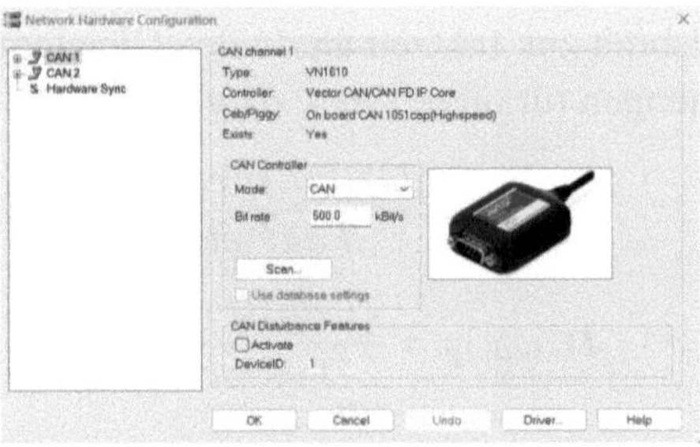

Abbildung 2.16: Vector Hardware Konfiguration [71]

Dieses CAN Device bietet zwei CAN-FD Knoten, die mit USB angesprochen werden können. Als Grundeinstellung muss zwischen CAN, CAN-FD oder CAN-XL unterschieden werden. In der Standardeinstellung CAN kann ein Netzwerk-Scan durchgeführt werden, wie in der Abbildung 2.16 gezeigt wird.

Beim Scannen des Netzwerks wird die Baudrate je nach Einstellung solange variiert, bis eine gültige Nachricht empfangen wurde. Die Abbildung 2.17 zeigt die erscheinende Maske für die Einstellmöglichkeiten des Scans. Es kann zwischen aktivem und passivem Scan unterschieden werden. Bei aktivem Scan

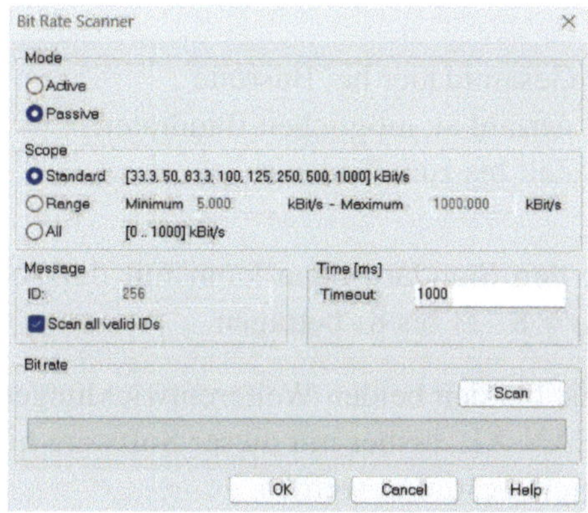

Abbildung 2.17: Vector CANoe Scanparameter [71]

nimmt das CAN-Device an der Kommunikation teil und kann somit auch Nachrichten quittieren. Ebenso wird eine Nachricht bei einer Verletzung der Regeln, oder fehlerhafter Prüfung als Kommunikationsfehler signalisiert. In diesem Fall wird die Kommunikation beeinflusst und kann zu Fehlern im Netzwerk führen. Bei der passiven Konfiguration wird nicht aktiv in das Kommunikationsnetzwerk eingegriffen und somit auch kein Fehler verursacht. Der zweite Parameter ist die Einstellung des Baudratenbereichs. Die vordefinierten Werte für einen Scan sind in der Abbildung 2.17 im Bereich „Standard" zu sehen. Ebenso kann ein benutzerdefinierter Bereich oder ein vollständiger Scan gewählt werden. Die Anzahl der zu prüfenden Einstellungen erhöht sich auf einem größeren Bereich. Wird keine gültige Nachricht erkannt, wird nach Ablauf des einstellbaren Timeouts die nächste Baudrate getestet. Durch die Anzahl an möglichen Baudraten kann die benötigte Zeit t_{total} für einen Scan wie in Gleichung Gl. 2.4 berechnet werden. Dabei ist $t_{timeout}$ die Einstellung für den Timeout und n die Anzahl der zu testenden Baudraten.

$$t_{total} = n \cdot t_{timeout} \qquad \text{Gl. 2.4}$$

mit

t_{total}	Gesamtdauer bei Busruhe
n	Anzahl an möglichen Baudraten
$t_{timeout}$	Zeit bis zum Timeout

Die Gesamtzeit für den Standard-Scan kann mit der Annahme von $1s$ als Timeout bis zu $t_{total} = 8 \cdot 1s$ bis $8s$ betragen.

Ein Baudratenscan ist bei den beiden Weiterentwicklungen von den Protokollen, CAN-FD und CAN-XL, bisher mit dieser Software nicht möglich. Somit können Baudraten nicht bestimmt werden.

2.6 Diagnosebasierte Erkennung von VNA

Die Dissertation „Optimierung der Fahrzeugdiagnose durch eine cloudbasierte Methode zur Identifikation der Datennetze mit künstlicher Intelligenz“ beschäftigt sich mit der Bestimmung der VNA und der Identifikation von Steuergeräten [46]. Dabei werden zwei Identifikationsmethoden verwendet, die in der Abbildung 2.18 dargestellt sind.

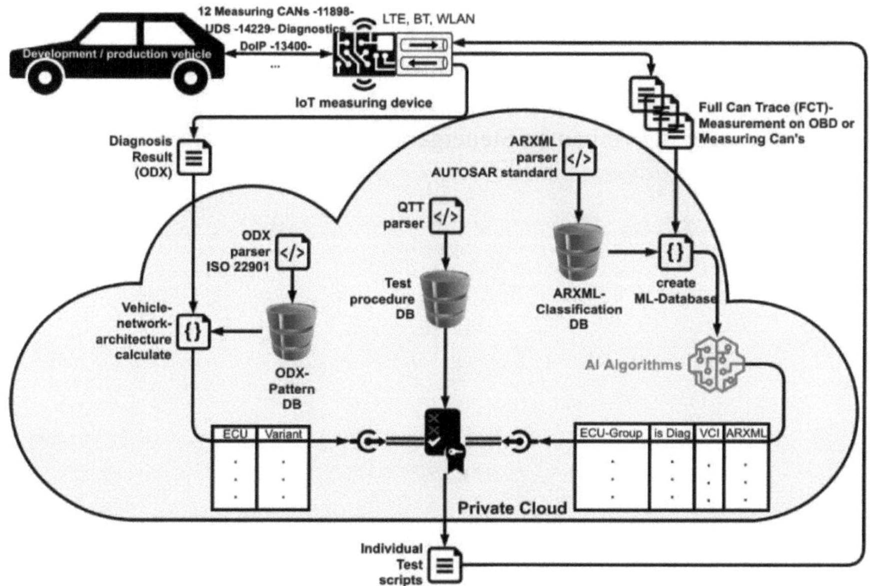

Abbildung 2.18: Konzept zur VNA-Identifizierung [46]

Der erste Pfad bezieht sich auf den linken Zweig des Diagramms. Es werden Diagnoseanfragen von einem Internet of Things (IoT)-Gerät gestellt und anschließend von diesem ausgewertet. Diese Ergebnisse werden über eine mobile Datenverbindung an ein zentrales Backend gesendet. Dort werden die Antworten analysiert und mit einer Open Diagnostic data eXchange (ODX)-Datenbank[10] verglichen. Dieser Abgleich erfolgt mittels Mustererkennung und

[10]Eine ODX ist offene Beschreibung von Diagnosedaten, um den Austausch zwischen Herstellern und Lieferanten zu vereinheitlichen.

aus positiven oder negativen Anfragen in den Messdaten können Rückschlüsse auf das angeschlossene Netzwerk vom Fahrzeug gezogen werden.

Für den Fall, dass keine Diagnoseanfrage gestellt wurde und nur auf eine bestehende CAN-Kommunikation zugegriffen wird, wird ein Full-CAN-Trace erstellt und diese Messung als Datenbasis für eine Erkennung verwendet. Dabei werden die Messdaten an ein Backend übertragen und dort ausgewertet. In dieser Arbeit wird eine Datenbank erstellt, die mit den Parametern ID, Nachrichtenlänge und dem Inhalt der übertragenen Nachricht als Datenbasis für einen Machine Learning Algorithmus dient. Die KI analysiert die Nachrichten und vergleicht diese mit Netzwerkbeschreibungen im Autosar Extensible Markup Language (ARXML)-Format[11]. Dadurch können Netzwerke identifiziert werden und sogar die verbauten Steuergeräte ermittelt werden.

[11] Dieses Dateiformat ist eine Netzwerkbeschreibung in AUTOSAR definiertem Schema und gibt Auskunft über die Nachrichten am Bus und die physikalischen Größen

3 Untersuchung eines CAN-Netzwerks

In diesem Kapitel wird ein CAN-Netzwerk im Kraftfahrzeug analysiert. Das Ziel ist, eine Messmethode für die Baudratenerkennung und die Protokollerkennung auszuwählen. Als Basis für die Analyse wird ein zufälliger CAN-Frame von der Kommunikation eines CAN-Netzwerks gewählt. Die Kommunikationsgeschwindigkeit wird auf zwei verschiedene Arten untersucht. Die erste Messung wird mit einem Oszilloskop aufgezeichnet und mittels DeepMeasure ausgewertet. Die zweite Messmethode wird mit einer Fast Fourier Transformation (FFT)-Analyse durchgeführt, um die Frequenzanteile im Netzwerk zu ermitteln. Daraus sollen die Frequenzen der Kommunikation und auch die Baudrate des Netzwerks ermittelt werden. Zusätzlich werden verschiedene Fehlerursachen bei fehlerhafter Kommunikation untersucht. Die Erkenntnisse dieser Messungen sollen eine Erkennung des Fehlerzustandes ermöglichen. Zwei häufige Fehlerursachen sind ein Verkabelungsfehler und zum anderen eine fehlende Terminierung im Netzwerk.

Das zweite Ziel ist es Eigenschaften zur Identifizierung des Netzwerks zu extrahieren. Hierbei werden CAN-Traces aufgezeichnet und hinsichtlich der Nachrichten-ID, Zykluszeiten und Abweichungen analysiert, um eine eindeutige Klassifikation der Netzwerke zu ermöglichen. Anhand dieser Erkenntnisse können die charakteristischen Eigenschaften abgeleitet werden.

3.1 Untersuchung des Bit-Timings in Netzwerken

In diesem Abschnitt werden Methoden zur Analyse von Signalverläufen in CAN-Netzwerken dargestellt, um die Frequenzanteile des Signalverlaufs auf dem Übertragungsmedium zu bestimmen. Dadurch können das Bit-Timing und somit die Baudrate des Netzwerks bestimmt werden. In diesem Abschnitt wird ein Oszilloskop verwendet und eine FFT-Analyse mit einem Spektrumanalysator durchgeführt, um die Baudrate zu bestimmen [48] Ziel ist es, eine geeignete

C. Seifert, *Methodik zur Erkennung und Identifizierung eines Netzwerks am Beispiel der CAN-Technologie*, Wissenschaftliche Reihe Fahrzeugtechnik Universität Stuttgart, https://doi.org/10.1007/978-3-658-47083-8_3

Messmethode zu finden, um die Baudrate exakt und zuverlässig bestimmen zu können.

3.1.1 Analyse des Bit-Timings eines CAN-Netzwerks

Die Analyse des klassischen CAN-Netzwerks erfolgt anhand einer Nachbildung unter Laborbedingungen. Für die Emulation von zwei CAN-Knoten wird das Netzwerk-Interface VN1610 in Kombination mit der Test- und Entwicklungs-Software CANoe von der Firma Vector Informatics GmbH verwendet. Damit kann das Netzwerk mit speziell definierten Test-Botschaften zyklisch beaufschlagt werden, was die Analyse des Signalverlaufes auf dem Übertragungsmedium erlaubt. An beiden Netzwerkknoten wird die Baudrate von $500kBaud$ eingestellt und an den beiden entferntesten Punkten im Netzwerk werden zwei Abschlusswiderstände von je 120Ω verwendet. Mit dem Wissen, dass beim klassischen CAN $1-5$ identische Bits nacheinander übertragen werden können, werden auch Zustände am Bus mit den Bitlängen von $1/500kBaud$, $2/500kBaud$, $3/500kBaud$, $4/500kBaud$ und $5/500kBaud$ erwartet. Die kleinste Einheit, das Symbol, besitzt somit die Pulsdauer von $1/500kBaud = 2\mu s$. Die Test-Botschaft wird für die Prüfung nicht verändert und besteht aus folgenden Parametern:

ID = 0x148
DLC = 0x8
Daten = E9 BC 7F 01 16 7F 82 F4

Die Darstellung der Test-Botschaft erfolgt im Hexadezimalsystem. Dabei wird der Datenstrom in binärer Form dargestellt und durch Stuff-Bits ergänzt. In grau wird die 11 Bits Nachrichten-ID hervorgehoben und in rot die Stuff-Bits. Hierdurch ergibt sich ein Test-Datenstrom ohne CRC-Checksumme und nachfolgenden Nachrichtenbits zu:

0 00101001000 0010100011101001101111000111110110000001001...
...00010110011111011100000101111010001000010111110100

Aus diesen Zuständen kann die Anzahl der übertragenen identischen Bit-Zustände abgelesen werden. Die hinzugefügten Stuffbits werden nach 5 gleichen Zuständen eingefügt, um die Synchronisation aller Teilnehmer zu gewährleisten. In diesem CAN-Frame kommen alle Zustände, d.h. 1 – 5 identische Bits hintereinander vor. Beginnend mit drei dominanten Bits hintereinander, gefolgt von einem rezessiven, usw. In der Abbildung 3.1 ist der Bitstrom des obigen Frames dargestellt. Im oberen Bild ist CAN-H in grün und CAN-L in gelb dargestellt. Der dominierende Pegel ist der 3,5V Pegel für das CAN-H Signal und 1,5V für das CAN-L Signal. Im rezessiven Bit sind beide ungefähr bei 2,5V. Der Transceiver empfängt beide Signale und wandelt sie in ein resultierendes Empfangssignal, das RX-Signal, um. Im unteren Bild von der Abbildung 3.3 ist das RX-Signal dargestellt, das der Micro-Controller Unit (MCU) bereitgestellt wird. Dieser Verlauf enthält den Bitstrom der dominanten und rezessiven Zustände.

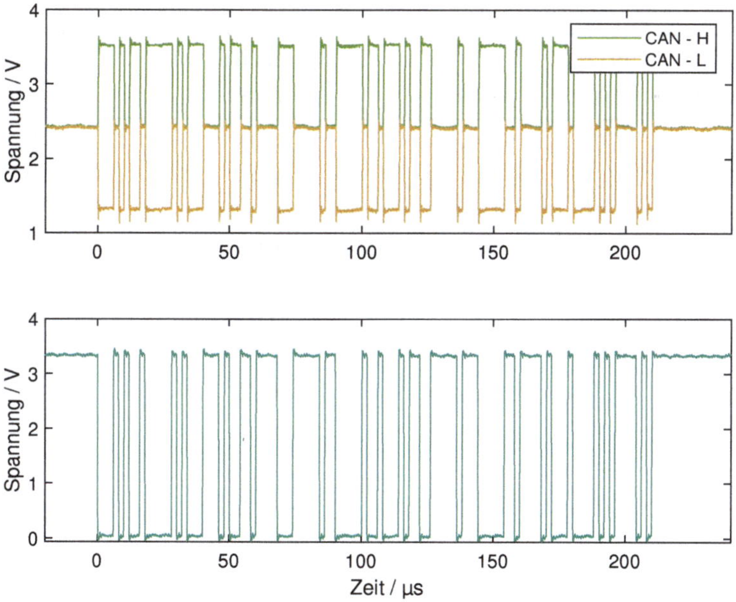

Abbildung 3.1: Buspegel und RX-Signal eines CAN-Frames

Dieser Signalverlauf enthält im klassischen CAN die Anzahl von 1 bis maximal 5 identischer Bits hintereinander. Um diese zu bestimmen, wird der Signalverlauf mit zwei Messverfahren analysiert.

Messdatenanalyse - DeepMeasure eines CAN-Frames

Das RX-Signal von der Nachricht wird mit einem Oszilloskop aufgezeichnet und mit der DeepMeasure-Analyse ausgewertet. Die Messergebnisse sind in Tabelle 3.1 dargestellt. Die Taktzeiten geben die Dauer eines Signalabschnitts an, der aus einem Zustandspaar, bestehend aus einem dominanten und rezessiven Zustand besteht. Die Frequenz ist der Kehrwert der Taktzeit. Die Messung liefert Daten zu den Taktzeiten, der Frequenz des Zustandspaares am Übertragungsmedium, der kleinen und großen Pulsbreite sowie dem daraus resultierenden Tastverhältnis. Zur vereinfachten Darstellung ist nur die kleine Pulsbreite aufgelistet.

Tabelle 3.1: DeepMeasure Signalanalyse eines CAN-Frames

Zyklusnr.	Taktzeit / µs	Frequenz / kHz	Impulsbreite (min) / µs	Tastverhältnis D %
1	7,99	125,19	1,95	24,45
2	4,02	248,89	1,96	48,76
3	5,99	166,85	1,96	32,69
4	11,99	83,41	1,96	16,32
...	...	...	...	
10	15,99	62,52	9,95	62,22
11	6,01	166,43	3,97	66,03
12	11,99	83,40	1,96	16,34
13	5,99	166,81	1,96	32,68
...	...	...	...	
24	9,99	100,13	7,96	79,68
25	4,02	248,76	1,96	48,87

Um die Bitlängen bestimmen zu können, wird das Tastverhältnis D, in % benötigt. Dieses gibt das Verhältnis eines Zustandes zur Taktzeit an. Ebenso wird die Zeit des gemessenen Zyklus t_{Zyklus} benötigt. Somit kann die Pulsdauer mit folgender Formel berechnet werden

$$t_{on} = t_{Zyklus} \cdot D \qquad \text{Gl. 3.1}$$

Da die Zykluszeit aus einem Zustandspaar besteht, kann die zweite Pulsdauer mit dem komplementären Wert, wie darstellt, berechnet werden:

$$t_{off} = t_{Zyklus} \cdot (100\% - D) \qquad \text{Gl. 3.2}$$

Ausgehend von der Tabelle 3.1 können so die auftretenden Bit-Timings für alle Zustände ermittelt werden. Als Beispiel können aus der Zyklusnummer 1 die beiden Zeiten der Pulsdauern nach Gleichung Gl. 3.1 und Gleichung Gl. 3.2 zu $7,99\mu s \cdot 0,2445 = 1,953\mu s$ und zu $7,99\mu s \cdot 0,7555 = 6,043\mu s$ berechnet werden. Nach der Berechnung aller Pulsdauern erhält man fünf unterschiedliche Pulsdauern mit den Werten:

$2\mu s$
$4\mu s$
$6\mu s$
$8\mu s$
$10\mu s$

Der Kehrwert der so berechneten Bitlängen ergibt die Frequenzen der übertragenen Zustände an. Somit ergeben sich Frequenzen von 500 kHz, 250 kHz, 167 kHz, 125 kHz und 100 kHz. Diese Zustände entsprechen einer Symbollänge von 1 – 5 identischen Bits, die nacheinander gesendet werden. Die kürzteste Pulsdauer und somit die Baudrate, entspricht 500 $kBaud$

FFT Analyse eines CAN Frame

Ein weiterer Ansatz für die Bestimmung der Baudrate vom CAN-Bus ist die Fast Fourier Transformation (FFT)-Analyse. Mittels einer FFT-Analyse können Frequenz-Anteile eines Signals durch Transformation des Signalverlaufes vom

Zeitbereich in den Frequenzbereich bestimmt werden. Ausgangspunkt ist der Signalverlauf aus Abbildung 3.1. Dieses Signal wird in die einzelnen Frequenzen und den Anteil aufgeteilt. Dabei wird nach den Grundschwingungen, die einen Rückschluss auf die Baudrate ermöglichen, gesucht. Eine FFT-Messung von dem elektrischen Signal des zuvor definierten CAN-Frame ist in der Abbildung 3.2 dargestellt. Die Abbildung ist auf einen Frequenzbereich von 600 kHz beschränkt, da ausgehend von einer Baudrate von 500 $kBaud$ und einer NRZ-Kodierung die Grundfrequenzen bis zu 500 kHz betragen kann.

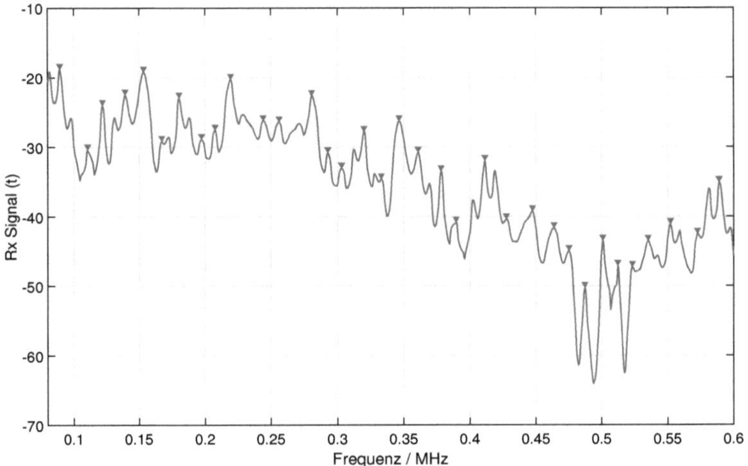

Abbildung 3.2: FFT - Analyse eines CAN-Signales

Zur Auswertung dieser Messung ist es notwendig, die lokalen Maxima zu analysieren. Diese stellen einen höheren Anteil in der Signalzusammensetzung dar. Die Bestimmung aller Peaks ist im Anhang A.2 aufgelistet. Die relevanten Frequenzen werden in Tabelle 3.2 extrahiert.

Wie bei der DeepMeasure-Analyse gibt es ähnliche Frequenzen, die die Bitzustände von 1 bis 5 Bitlängen repräsentieren. Diese zu identifizieren stellt eine größere Herausforderung dar, weil die CAN-Kommunikation grundsätzlich mit diskreten Zuständen auf dem Bus erfolgt, dadurch besitzt der Zustandswechsel sehr steile Flanken. Diese steilen Flanken beinhalten höhere Frequenzanteile

Tabelle 3.2: Auszug aus der FFT - Peak-Analyse

Signalanteil / dB	Frequenz / kHz
-30,40	110,63
-23,98	122,07
-29,19	167,30
-26,40	256,13
-43,49	500,82

und erschweren somit die Erkennung mittels FFT-Messung. Weiterhin hat die Nachricht mit den zu übertragenden Daten einen sehr großen Einfluss auf die Messung, da in der FFT die Anteile einer Frequenz am gesamten Verlauf darstellt. Treten einzelne Zustände im Bitratenstrom nur selten auf, so ist diese Frequenz kaum messbar.

Anhand der beiden Messverfahren können die Pulsdauern während dem Sendevorgang erfasst und eindeutig bestimmt werden. Mit dem DeepMeasure-Ansatz können diese Breiten exakt anhand der Zykluszeit und dem Tastverhältnis bestimmt werden. Bei der FFT-Analyse hingegen kommt es zu größeren Messunsicherheiten, die keinen exakten Rückschluss auf die Baudrate ermöglichen.

3.1.2 Analyse des Bit-Timings eines CAN-FD-Netzwerks

In diesem Abschnitt wird das CAN-FD-Netzwerk in Analogie zum klassischen CAN hinsichtlich der Timings analysiert. Zur Analyse des CAN-FD-Netzwerks wird eine Kommunikation mit zwei Teilnehmern unter Laborbedingungen aufgebaut. Die Übertragungsgeschwindigkeit wird im Arbitrierungsfeld mit 500 $kBaud$ und im Datenfeld mit 2000 $kBaud$ parametriert. Diese Konfiguration ist typisch für heutige Fahrzeuge. Für die Analyse wird ein CAN-FD-Frame aus einer früheren Messung verwendet, der folgende Eigenschaften aufweist:

CAN-ID = 0x50
DLC = 0xF - 64 Datenbyte
Daten = C8 F5 54 00 C0 3F 00 80 AD 64 00 9B 00 82 E0 D5 FF 21 B2 01 08 FE FF FF FF FF FF FF FF FF FF FF FF FF FF FF FF FF FF FF FF FF FF FF FF FF FF FF FF FF FF FF FF FF FF 00 00 00 00 00 00 00 00 00

Diese Daten werden wieder in einen binären Bitstrom mit Flags im Header, Stuffbits und dem CRC am Ende umgewandelt und auf den Bus übertragen. Auf eine binäre Darstellung der Nachricht wird an dieser Stelle aus Platzgründen verzichtet. In der Abbildung 3.3 ist im oberen Teil das entsprechende CAN-H und CAN-L Signal dargestellt. Das daraus resultierende Rx-Signal für die MCU ist im unteren Abschnitt in grün dargestellt. Bei CAN-FD kann es zu einer Änderung der Übertragungsrate kommen, diese Information wird im Header der Nachricht übertragen. Im Folgenden wird eine Baudrate von 2000 $kBaud$ verwendet. Dieser Wechsel kann im RX-Signal bei ca. 40 μs beobachtet werden.

In diesem Ablauf können einerseits die Zustände $1-5$ mit den Bitlängen von $1/500\ kBaud, 2/500\ kBaud, 3/500\ kBaud, 4/500\ kBaud$ und $5/500\ kBaud$ wie beim klassischen CAN vorkommen, andererseits auch die $1-5$ identischen Bits des CAN-FD-Bereiches. Diese Zustände können mit $1/2000\ kBaud$, $2/2000\ kBaud$, $3/2000\ kBaud$,$4/2000\ kBaud$ und $5/2000\ kBaud$ vorkommen. Damit ergeben sich Pulslängen im CAN-FD Bereich von $0,5\ \mu s$, $1\ \mu s$, $1,5\ \mu s$, $2\ \mu s$ und $2,5\ \mu s$,

Messdatenanalyse - DeepMeasure eines CAN-FD-Frames

In der Tabelle 3.3 ist ein Auszug der Messergebnisse aus dem zuvor beschriebenen CAN-FD-Frames dargestellt. Die vollständige Tabelle der Messergebnisse ist im Anhang in der Tabelle B.1 aufgelistet. Die einzelnen Pulsdauern lassen sich wiederum aus der Formel Gl. 3.1 und dem Komplement der Formel Gl. 3.2 ermitteln.

Anhand der Taktzeiten kann die beschriebene Baudratenumschaltung erkannt werden. Die Taktzeiten der ersten vier Zyklen sind signifikant länger und stellen somit die Arbitrierungsphase dar. Aus diesen vier Zustandspaaren lassen sich Pulsdauern von ca. 2 μs, 4 μs, 10 μs errechnen. Die daraus ermittelten Bitlängen entsprechen $1/500\ kBaud$, $2/500\ kBaud$ und $5/500\ kBaud$, die

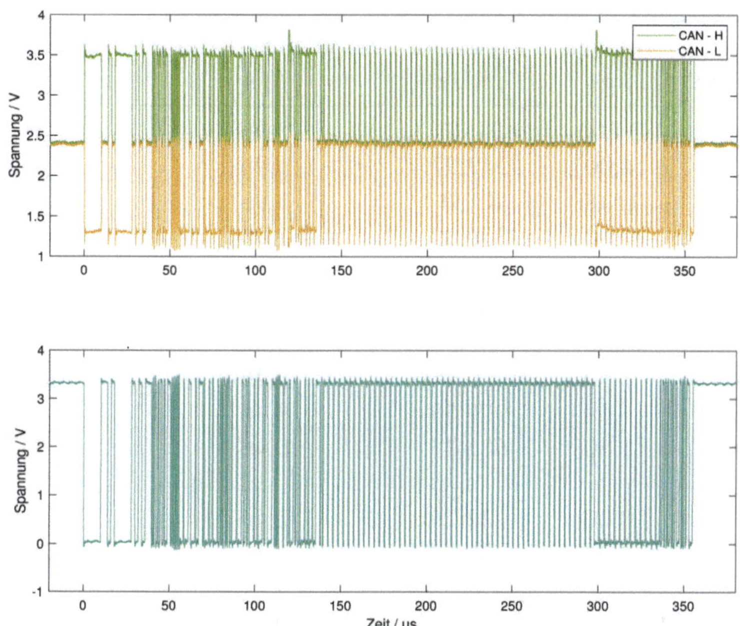

Abbildung 3.3: CAN-FD Signal

hintereinander gesendet werden. Nach der Übertragung des Headers folgt das Datenfeld. Im vorliegenden Beispiel wird die Baudrate auf 2000 $kBaud$ erhöht. Ab diesem Punkt können die Pulsbreiten auf folgende Werte berechnet werden: $0,5\ \mu s$, $1,0\ \mu s$, $1,5\ \mu s$,$2,0\ \mu s$, $2,5\ \mu s$. Diese Zeiten entsprechen den Bitlängen mit gleichem Zustand von $1/2000\ kBaud$, $2/2000\ kBaud$, $3/2000\ kBaud$, $4/2000\ kBaud$ und $5/2000\ kBaud$.

Im ersten Teil des Frames, der Arbitrierungsphase, entsprechen die Bitzustände der Anzahl von 1, 2 und 5 gleichen Bitzuständen, die gesendet werden. Diese Zustände hängen im wesentlichen von der gesendeten Nachrichten-ID ab. Das Datenfeld enthält alle Zustände von 1 bis 5 gleicher Bitlängen.

Tabelle 3.3: DeepMeasure Signalanalyse eines CAN-FD Frame

Zyklusnr.	Taktzeit / µs	Frequenz / kHz	Impulsbreite (min) / µs	Tastverhältnis D %
1	14,00	71,43	3,96	28,28
2	4,00	249,97	1,96	48,96
3	12,00	83,33	1,96	16,32
4	4,00	250,00	1,96	48,96
...	...	...	...	...
23	2,00	500,00	0,46	22,96
24	3,00	333,32	0,46	15,31
25	1,50	666,46	0,46	30,70
26	1,00	999,53	0,46	46,01
30	1,50	666,25	0,46	30,52
...	...	...	...	...
53	3,00	333,26	2,46	81,95
54	3,00	333,30	2,46	81,95
...	...	...	...	...
127	1,50	667,39	0,96	63,88
128	2,11	472,98	1,57	74,36

FFT Analyse eines CAN-FD-Frames

Der zuvor beschriebene CAN-FD-Frame wird ebenso einer FFT-Analyse unterzogen, um die Frequenzanteile des Verlaufes zu ermitteln. Die maximale Frequenz, die für diese Messung relevant ist, beträgt 2 MHz. Die Abbildung 3.4 zeigt das Ergebnis der FFT-Analyse des CAN-FD-Frames. Im Verlauf der FFT ist eine ausgeprägte Spitze bei 1 MHz sowie bei 2 MHz zu erkennen. Diese Frequenzanteile treten im Verlauf häufiger auf, da vermehrt einzelne Bits und zwei identische Bist hintereinander gesendet werden. Diese beiden Spitzen sind Frequenzen aus dem Datenfeld und sind abhängig von den gesendeten Nutzdaten. Die Frequenzanteile der Arbitrierungsphase, die im wesentlichen von der Nachrichten-ID abhängen, lassen sich schwer aus diesem Verlauf extrahieren und in diesem Bereich können keine einzelnen Spitzen ausfindig gemacht werden. Die Frequenzen von 100 kHz, 250 kHz und 500 kHz lassen sich nicht mehr erkennen.

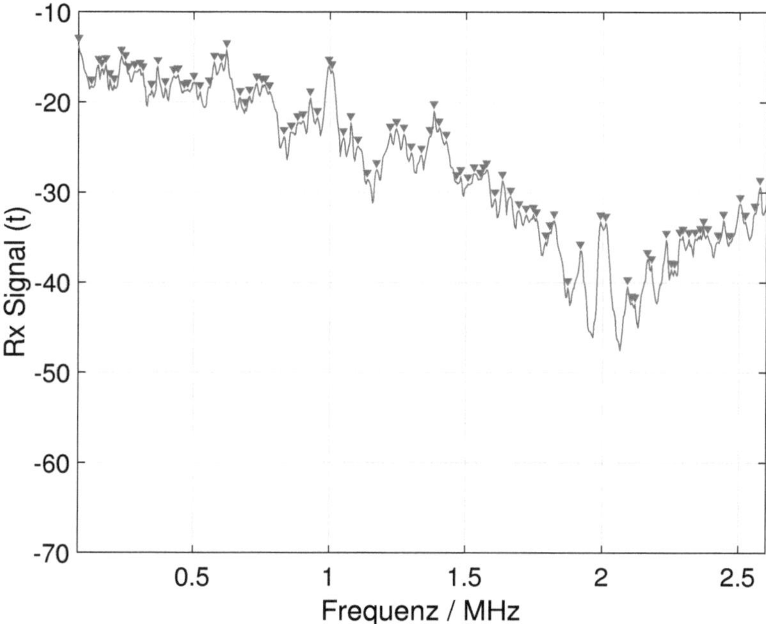

Abbildung 3.4: FFT - Analyse CAN-FD-Frame

An dieser Stelle wird ein Auszug aus den Ergebnissen der FFT-Analyse gegeben, welche in der Tabelle 3.4 zusammengefasst sind. In der Messung sind die Frequenzen der gesendeten Bitzustände grundsätzlich erkennbar. Diese zu identifizieren ist nur mit Kenntnis der eingestellten Baudraten möglich. Eine eindeutige Aussage bezüglich der Pulsweiten ist aufgrund von den nicht eindeutig identifizierbaren Grundschwingungen nicht möglich. Die Frequenzanteile vom Datenfeld lassen sich besser identifizieren, da in Summe 64 Bytes an Daten gesendet werden. Diese stellen somit einen größeren Anteil dar und sind somit häufiger enthalten. Dies wirkt sich auf die Ergebnisse der FFT-Analyse aus.

Insbesondere im Bereich der Übertragung der ID, also dem Arbitierungsfeld, können einzelne Bits in der Basisbaudrate nur einmal vorkommen. Die Relevanz

Tabelle 3.4: Auszug aus der FFT - Peak-Analyse

Signalanteil / dB	Frequenz / kHz
-18,29	130
-15,56	250
-18,47	400
-17,85	500
-16,03	1000
-33,28	1990
-33,42	2010

dieser Anteile ist bei einer FFT-Analyse jedoch als gering einzustufen, da sie in der Zusammensetzung des Signals keine wesentlichen Anteile aufweisen.

3.1.3 Terminierung und Verkabelungsfehler

In diesem Abschnitt werden die beiden häufigsten Fehlerursachen für ein nicht korrekt aufgebautes CAN-Netzwerk analysiert. Der erste Fehler ist eine falsche oder fehlende Terminierung im Netzwerk. Bei diesem Fehler kann keine Kommunikation stattfinden und jeder Sendeversuch eines Teilnehmers wird abgebrochen. Die Nachrichten werden als Error-Frames dargestellt. Der Versuchsaufbau zur Nachbildung eines CAN-Netzwerks mit fehlender Terminierung erfolgt durch Nachbildung eines CAN-Buses mit zwei CAN-Knoten. Ziel ist es, das Signalverhalten auf dem Übertragungsmedium in einem Fehler-Szenario detaillierter untersuchen zu können. Die Emulation der CAN-Knoten erfolgt durch Netzwerk-Interfaces VN1610. In diesem Szenario wird ein CAN-Frame, wie in Kapitel 3.1.1, verwendet und ein Sendeversuch zyklisch gestartet. In der Abbildung 3.5 ist der Signalverlauf eines nicht terminierten Netzwerks dargestellt. Im oberen Bild sind die jeweiligen CAN-H und CAN-L Signale dargestellt. Das daraus resultierende RX-Signal für den Controller ist im unteren Verlauf, in grün, dargestellt.

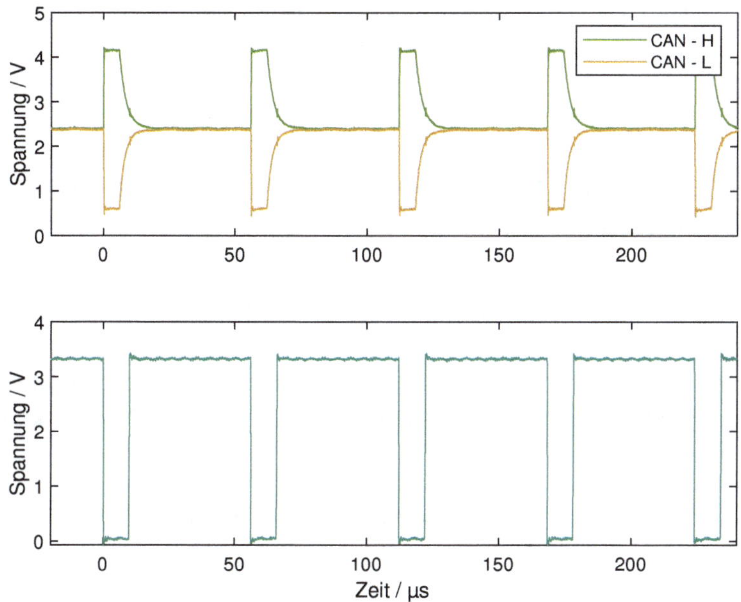

Abbildung 3.5: CAN Signal ohne Terminierung

Der dominante Buszustand hat eine Pulsbreite von ca. $9,8\ \mu s$ und der rezessive Pegel eine Dauer von $46,1\ \mu s$. Nach dem rezessiven Pegel erfolgt ein erneuter Sendeversuch.

Dieser Versuch wird ebenfalls mit einem CAN-FD-Netzwerk aufgebaut und getestet. Die Signalverläufe sind vom Verhalten und den Zeiten der Impulse identisch. Dieser Signalverlauf kann eindeutig identifiziert werden, um den Fehlerzustand eines gestörten Netzwerkes zu klassifizieren.

Die zweite häufige Fehlerursache ist das Vertauschen von einem CAN-H und CAN-L Signal. Dies verursacht das Auftreten von Error Frames. Der Versuchsaufbau zur Nachbildung von diesem Fehlerbild erfolgte unter Laborbedingungen durch den Aufbau eines CAN-Netzwerks mit zwei Teilnehmern. Eine Auswertung des RX-Signals ergab, dass sich der Zustand auf dem Bus je nach zu sendender Information ändert, jedoch keine Änderung des RX-Signals festgestellt werden konnte. Aufgrund dieses Verhaltens kommt es aus Sicht des Knotens zu keiner Kommunikation am Bus, da die Signale vom CAN-H und CAN-L nicht erkannt werden.

3.2 Analyse von CAN-Netzwerken auf charakteristische Eigenschaften

In diesem Abschnitt werden CAN-Netzwerke auf potentielle Eigenschaften untersucht, die das Netzwerk bestimmbar machen können. Dafür werden Netzwerke auf hardwarenahe Parameter und Kommunikationsparameter untersucht. Der Schwerpunkt dieses Abschnitts liegt auf der Analyse der Netzwerkkommunikation in Bezug auf

- der Anzahl und Verteilung der im Netzwerk vorkommenden Botschafts-ID
- der mittleren Zykluszeiten der gesendeten Botschaften
- der Buslast

in der CAN-Kommunikation vom Fahrzeugen.

Voraussetzung für diese Analyse ist eine korrekt eingestellte Baudrate mit dem entsprechenden Protokoll. Ebenso muss das Netzwerk korrekt terminiert und angeschlossen sein. Wenn alle Voraussetzungen erfüllt sind, können CAN-Frames gesendet und empfangen werden. Wie in der Einleitung zu diesem Kapitel beschrieben, wird für die Netzwerkanalyse ein IoT-Gerät mit 12 CAN-Schnittstellen verwendet. Diese können an unterschiedliche CAN-Bus-Netzwerke angeschlossen werden. Typische im Kraftfahrzeug vorkommende CAN-Netzwerke, die sich hinsichtlich der Kommunikationseigenschaften stark voneinander unterscheiden können, sind folgende Netzwerk-Klassen:

- Body-CAN
- Diagnose-CAN
- Dynamics-CAN

- Antriebsstrang-CANFD
- Antriebsstrangsensor-CAN
- Engine-CAN
- Head-Unit-CAN
- Fahrzeuginnenraum-CAN
- Inverter-CANFD
- Powertrain-CAN
- Telematik-CAN
- Peripherie-CAN
- Energiemanagement-CANFD

Ausgangspunkt für die Analyse ist ein Normalbetrieb der Kommunikation. Spezielle Fälle, wie das Programmieren von Steuergeräten, Diagnosekommunikation oder Startprozesse werden nicht berücksichtigt. Zur Darstellung der Ergebnisse wird jeweils eine Netzwerk-Klasse analysiert und hinsichtlich ihrer Eigenschaften untersucht. Die Eigenschaften sind die Anzahl und Verteilung der IDs der gesendeten Nachrichten, die Zykluszeit der jeweiligen Nachricht und die Nachrichtenlast. Die Zykluszeit ist die Zeit, bis eine Nachricht mit der gleichen ID erneut gesendet wird. Im Folgenden werden die Eigenschaften der typischen CAN-Netzwerke im Kraftfahrzeug dargestellt.

Body-CAN

Der Body-CAN ist ein klassisches CAN-Netzwerk mit einer Baudrate von 250 $kBaud$. Abbildung 3.6(a) zeigt die Ergebnisse der Analyse der Netzwerkkommunikation hinsichtlich der vorkommenden Nachrichten-IDs und ihrer quantitativen Verteilung. Es sind Botschaften mit IDs im Bereich von 31 bis $0x10FC01D8$ festgestellt worden. Nachrichten mit niedrigeren IDs und somit höherer Priorität sind häufiger vertreten und machen etwa je 1,6% der gesamten Kommunikation aus. Die Häufigkeit von Nachrichten mit höheren IDs ist gering.

Insgesamt wurden 197 verschiedene IDs in dieser Messung vom Body-CAN identifiziert.

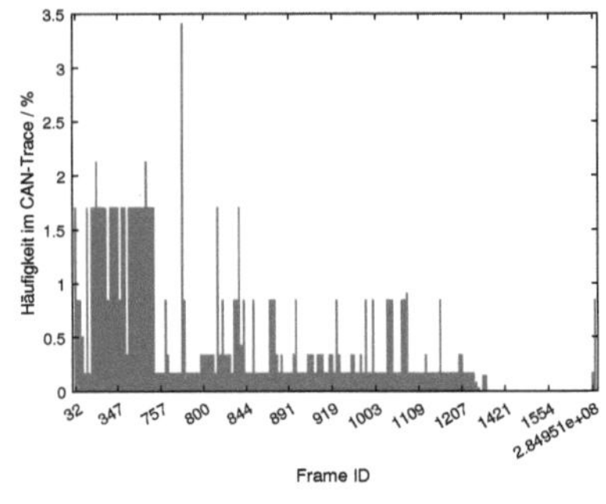

(a) Verteilung der IDs des Body-CAN

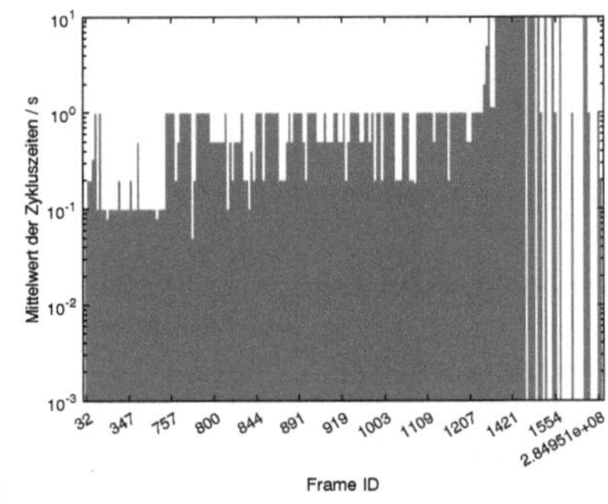

(b) Mittlere Zykluszeiten des Body-CAN

Abbildung 3.6: ID-Verteilung und mittlere Zykuszeiten/Botschaftszyklen beim Body-CAN

Die dazugehörigen Zykluszeiten der Botschaften auf dem Body-CAN sind in der Abbildung 3.6(b) dargestellt. Ein Großteil der Nachrichten hat eine Zykluszeit von 1 s. Abweichend davon haben Nachrichten mit einer kleinen ID eine kürzere Zykluszeit von 100 ms. Im Umkehrschluss haben höhere IDs auch höhere Zykluszeiten. In Summe werden im Durchschnitt 602 Nachrichten pro Sekunde übermittelt.

Diagnose-CAN

Das Netzwerk dient der Kommunikation mit Off-Board-Diagnosegeräten, um beispielsweise abgasrelevante Informationen sowie Daten über den Gesamtzustand des Fahrzeugs auszulesen. Auch Fehlerspeichereinträge können über dieses Netzwerk ausgelesen werden. Es handelt sich hierbei um einen Standard-CAN-Bus mit einer Datenübertragungsrate von 500 $kBaud$. Da die Messungen an einem Prototypen-Fahrzeug durchgeführt wurden und die Software der einzelnen Steuergeräte ebenfalls in Entwicklung ist, kann auf diesem Netzwerk eine höhere Kommunikationslast, die Summe aller Nachrichten, gemessen werden. Die Abbildung 3.7(a) zeigt die Verteilung der IDs und deren Häufigkeit in diesem Datensatz. Auffallend in diesem Netzwerk sind die Nachrichten mit dem ID Bereich von 32 bis 200, die je Nachricht ca 4,5 % der vorkommenden Nachrichten ausmachen. Nachrichten mit niedriger ID sind im unter 1 % vertreten. Insgesamt sind 148 verschiedene IDs innerhalb der Messung erfasst worden.

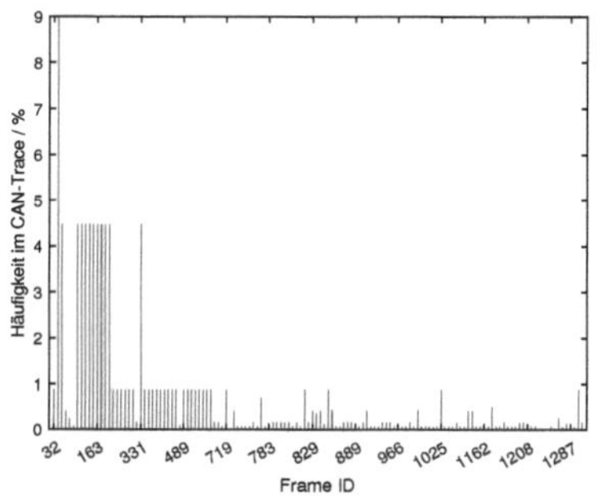

(a) Verteilung der IDs des Diagnose CAN

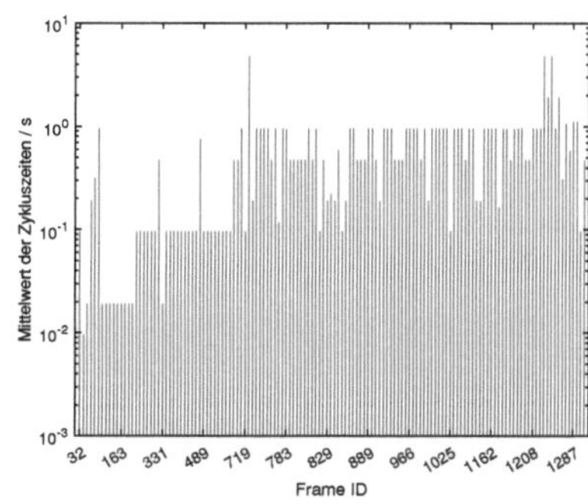

(b) Mittlere Zykluszeiten des Diagnose CAN

Abbildung 3.7: ID-Verteilung und mittlere Zykuszeiten/Botschaftszyklen beim Diagnose CAN

Die Verteilung der Zykluszeiten liegt mit Ausnahme der niedrigsten IDs ungefähr bei 1 s. Die kürzesten Zykluszeiten sind bei 20ms. Die Anzahl der gesendeten Frames pro Sekunde beträgt 1130.

Dynamics-CAN

Der Dynamics-CAN ist ebenfalls wie der Diagnose CAN, ein klassischer CAN-Bus mit einer Baudrate von 500 $kBaud$. Bei der Auswertung der Messung sind in diesem Netzwerk 10 verschiedene IDs identfiziert worden, die sich in fünf niedrige IDs und fünf Extended-IDs mit höherer IDs unterteilen. Die niedrigen IDs mit den Werten 336, 337 und 342 sind jeweils zu 15% vertreten. Die Nachrichten mit extended-IDs kommen jeweils auf einen Anteil von 7%.

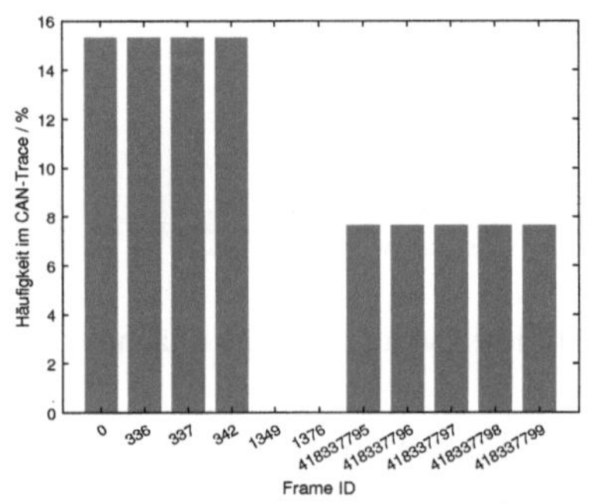

(a) Verteilung der IDs des Dynamics-CAN

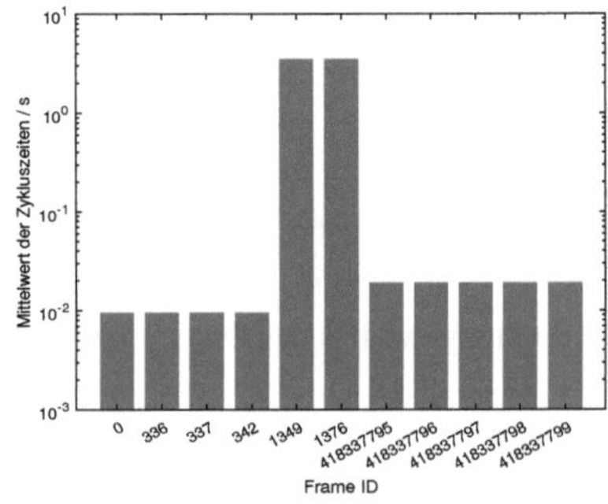

(b) Mittlere Zykluszeiten des Dynamics-CAN

Abbildung 3.8: ID-Verteilung und mittlere Zykuszeiten/Botschaftszyklen beim Dynamics-CAN

Die Zykluszeiten der Nachrichten liegen bei den Schwerpunkten von 10 ms, 20 ms und 3, 5 s und sind in der Abbildung 3.8(b) dargestellt. Die Gesamtbuslast ist mit 660 Nachrichten pro Sekunde geringer als beim Diagnose CAN. Auffällig bei diesem Netzwerk sind die beiden Nachrichten-IDs mit 1349 und 1376, die eine sehr hohe Zykluszeit aufweisen. Diese beiden Nachrichten zeigen auch eine sehr geringe Häufigkeit in dieser Messung auf.

Antriebsstrang-CANFD

Der Antriebsstrang-CANFD ist ein CAN-FD-Netzwerk mit einer Basisbaudrate von 500 $kBaud$ und einer Baudrate von $2000kBaud$ im Datenfeld. Während der Übertragung kann es zu einer Frequenzumschaltung kommen. In diesem Netzwerk sind 14 verschiedene Nachrichten gesendet worden, die in der Regel in einem niedrigen ID-Bereich liegen. Es gibt zwei CAN-IDs, die aus dem Extended-ID Bereich stammen. Die Verteilung der CAN-IDs ist in der Abbildung 3.9(a) dargestellt. Die Nachrichten mit der ID 66 und 67 weisen in dieser Messung einen Anteil von je 19% auf und haben eine Zykluszeit von 5 ms. Die beiden Nachrichten mit der Extended-ID weisen hingegen keinen relevanten Anteil in der Messung auf. Das zugehörige Timing der einzelnen Nachrichten

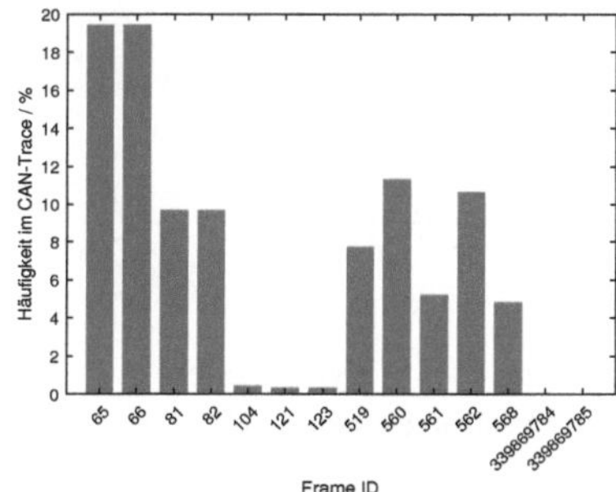

(a) Verteilung ID des Antriebsstrang-CANFD

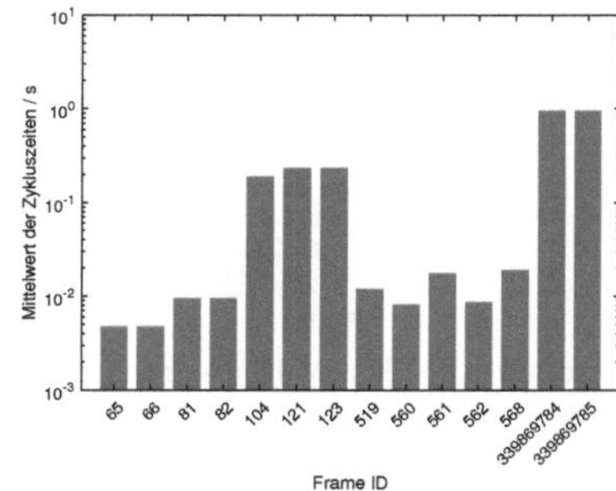

(b) Mittlere Zykluszeiten des Antriebsstrang-CANFD

Abbildung 3.9: ID-Verteilung und mittlere Zykuszeiten/Botschaftszyklen beim Antriebsstrang-CANFD

ist in der Abbildung 3.9(b) ergänzt. Auffällig sind die sehr kurzen Zykluszeiten von unter 10 ms. Die längste Zykluszeit, von den Extended-IDs, kann auf $1s$ bestimmt werden. Insgesamt ergibt sich ein mittlerer Botschaftszyklus von 1150 Nachrichten pro Sekunde.

Antriebsstrangsensor-CAN

Der Antriebsstrangsensor-CAN ist ein Standard-CAN-Netzwerk mit einer Baudrate von 500 *kBaud*. Aus der Analyse der Netzwerkkommunikation resultieren 21 verschiedene Nachrichten-IDs. Dieses Netzwerk zeigt eine hohe Anzahl von Nachrichten mit einer Extended-ID auf. Die Häufigkeiten und Zykluszeiten sind in Abbildung 3.10(a) dargestellt. Einen Großteil der erfassten Nachrichten können den Nachrichten-IDs 49, 85, 87 und 109 mit jeweils knapp 18% zugeordnet werden.

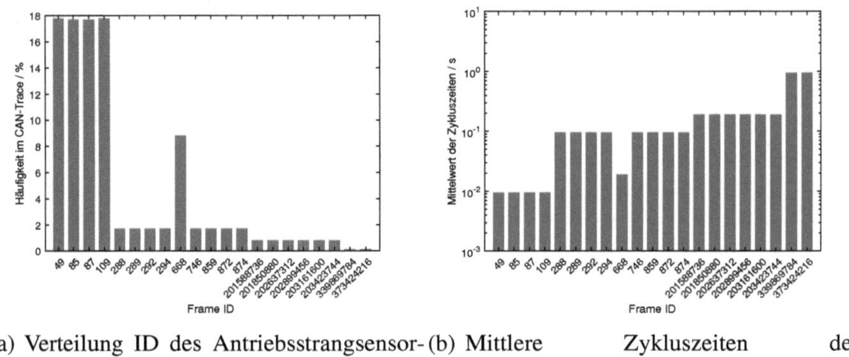

(a) Verteilung ID des Antriebsstrangsensor-CAN

(b) Mittlere Zykluszeiten des Antriebsstrangsensor-CAN

Abbildung 3.10: ID-Verteilung und mittlere Zykuszeiten/Botschaftszyklen beim Antriebsstrangsensor-CAN

Die Zykluszeiten der vier genannten Nachrichten zeigen ein ähnliches Verhalten bei ca 10 *ms* auf. Die meisten Nachrichten haben eine Zykluszeit von 100 *ms* und 200 *ms*. Die längste Zykluszeit liegt bei 1 *s*. Diese Verteilung ist in der Abbildung 3.10(b) zusammengefasst.

Engine-CAN

Beim Engine-CAN handelt es sich um einen Standard-CAN-Bus mit einer Baudrate von 800 $kBaud$, der für die Steuerung und Regelung des Antriebes verwendet wird. Aus der Analyse der Netzwerkkommunikation, die in Abbildung 3.11(a) dargestellt wird, ist ersichtlich, dass 76 verschiedene Nachrichten innerhalb des Betrachtungszeitraums gesendet werden. Die drei niedrigsten Nachrichten-IDs sind zu je 10% vorhanden, die eine Zykluszeit von 5 ms aufweisen. Ein zweiter Schwerpunkt liegt bei 5% von 10 verschiedenen Nachrichten-IDs mit einer Zykluszeit von 10 ms.

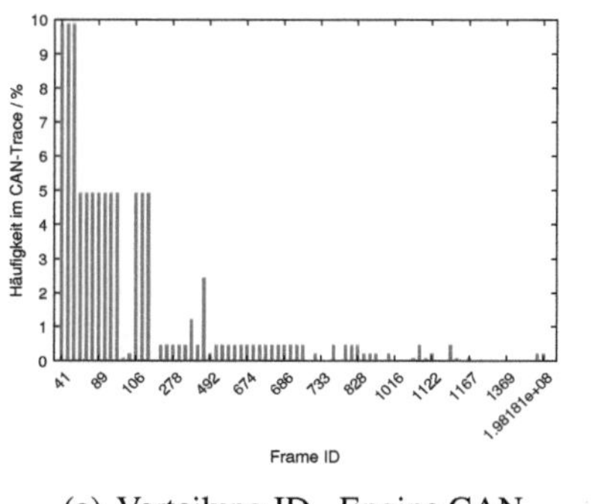

(a) Verteilung ID - Engine CAN

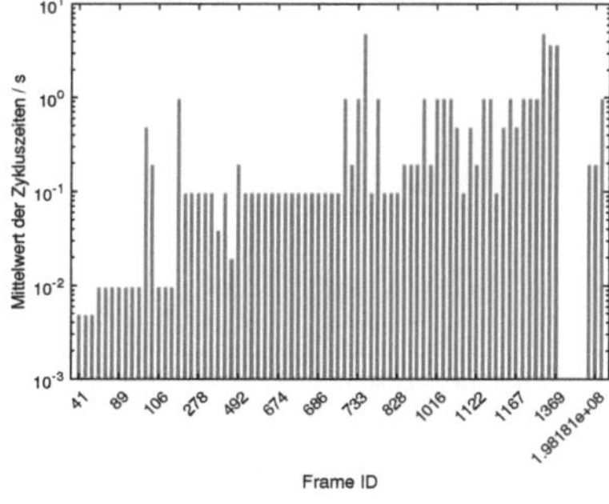

(b) Mittlere Zykluszeiten - Engine CAN

Abbildung 3.11: ID-Verteilung und mittlere Zykuszeiten/Botschaftszyklen beim Engine CAN

In Summe werden ca. 2000 Frames pro Sekunde gesendet. Die kürzesten Zykluszeiten sind bei ca. $5ms$ und die längste bei $4,8s$. Die mittleren Zykluszeiten jeder Nachrichten-ID sind in der Abbildung 3.11(b) dargestellt.

Headunit-CAN

Der Headunit-CAN ist für die Kommunikation mit dem Anzeigeinstrument im Fahrzeug verantwortlich, über welches Fahrzeuginformationen oder Fehlerzustände angezeigt werden. Es handelt sich um einen Standard-CAN mit einer Baudrate von 250 $kBaud$. Es werden 190 unterschiedliche Nachrichten-IDs ausgetauscht, die in der Abbildung 3.12(a) dargestellt sind. Auffallend sind zwei Nachrichten-IDs, mit der ID 198 und 200, mit einem Anteil von je 15% und der Zykluszeit von 20 ms.

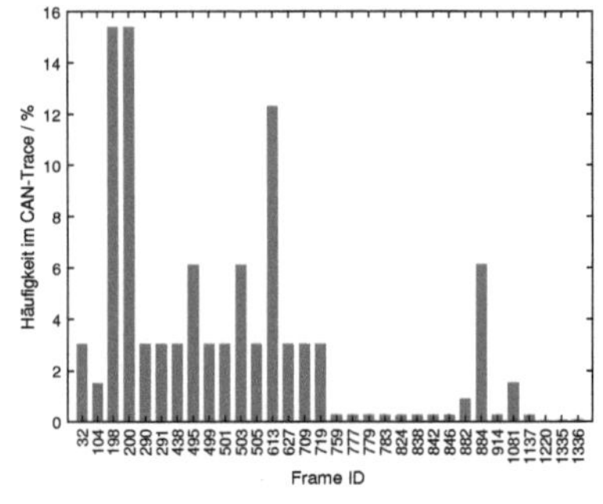

(a) Verteilung ID des Head Unit CAN

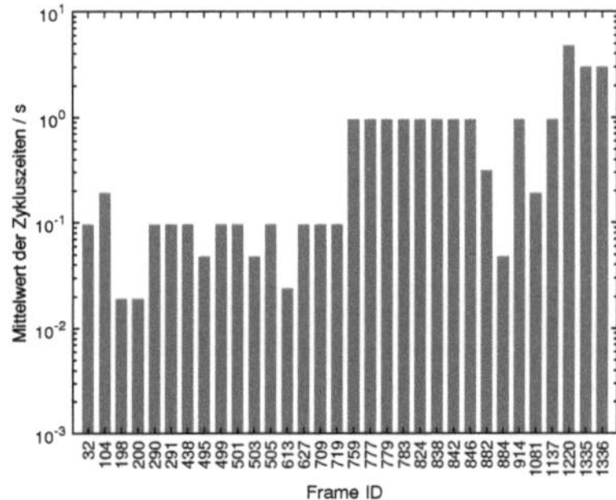

(b) Mittlere Zykluszeiten des Head Unit CAN

Abbildung 3.12: ID-Verteilung und mittlere Zykuszeiten/Botschaftszyklen beim Head Unit CAN

Die Zykluszeit von zehn Nachrichten beträgt $100ms$ und ebenso zehn eine Zykluszeit von $1s$. Die kürzesten Zykluszeiten sind bei $20ms$. Die daraus resultierende Gesamtanzahl beträgt 330 Nachrichten pro Sekunde, die in der Abbildung 3.12(b) dargestellt sind.

Fahrzeuginnenraum-CAN

Dieses Netzwerk ist ein klassischer CAN-Bus mit einer Baudrate von 500 $kBaud$ und es sind 245 verschiedene Nachrichten-IDs festgestellt worden. Diese hohe Anzahl an unterschiedlichen IDs ist für dieses Netzwerk auffallend. Bis auf zwei Nachrichten-IDs, die mit 6% vorhanden sind, ist die Mehrheit unter einem Prozent. Diese Häufigkeit der einzelnen IDs sind in der Abbildung 3.13(a) dargestellt.

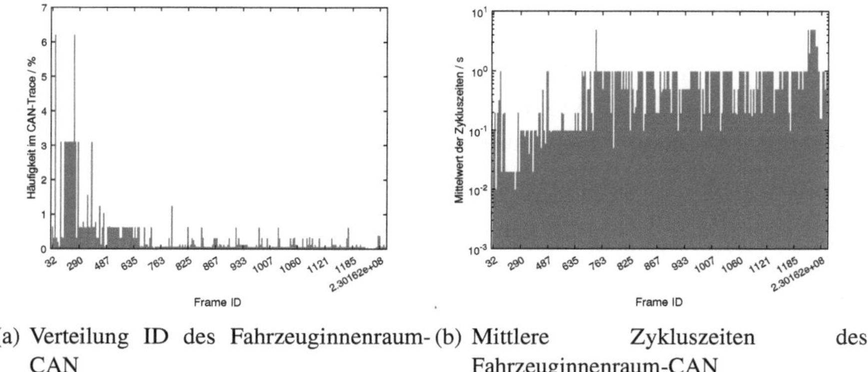

(a) Verteilung ID des Fahrzeuginnenraum-CAN

(b) Mittlere Zykluszeiten des Fahrzeuginnenraum-CAN

Abbildung 3.13: ID-Verteilung und mittlere Zykuszeiten/Botschaftszyklen beim Fahrzeuginnenraum-CAN

Dieses Netzwerk hat eine Nachrichtenlast von 1540 Botschaften pro Sekunde. Die einzelnen IDs weisen eine Zykluszeit zwischen $20ms$ und maximal $2,7s$ auf. Häufig werden Zykluszeiten von $1s$ gefunden. Diese sind in der Abbildung 3.13(b) dargestellt.

Inverter-CANFD

Der Inverter-CANFD ist ein CAN-FD Netzwerk mit einer Basis-Baudrate von 500 $kBaud$ und einer Daten-Baudrate von 2000 $kBaud$. Somit ähnelt er in Hinsicht auf die Baudraten dem Antriebsstrang-Netzwerk. Bei dieser Messung sind 11 verschiedene CAN-IDs identifiziert worden. Die Nachrichten-IDs 67 und 69 sind jeweils über 25% vorhanden und stellen zusammen über 50% aller Botschaften in dieser Messung dar. Bis auf zwei Extended-IDs sind die Prioritäten der Botschaften hoch. Die Verteilung der IDs mit der Häufigkeit ist in Abbildung 3.14(a) dargestellt. Die gesamte Auslastung dieses Netzwerks wird mit 792 Nachrichten pro Sekunde bestimmt. Die Zykluszeiten liegen zwischen 10ms für die Nachrichten mit der ID 83, 121 oder 579 bis zu 1 s bei der Nachricht mit der ID 528. Die mittleren Zykluszeiten jeder Botschafts-ID sind in der Abbildung 3.14(b) zusammengefasst.

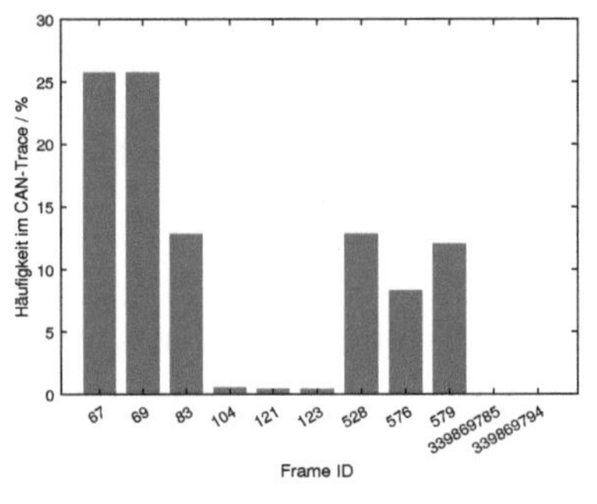

(a) Verteilung ID des Inverter-CANFD

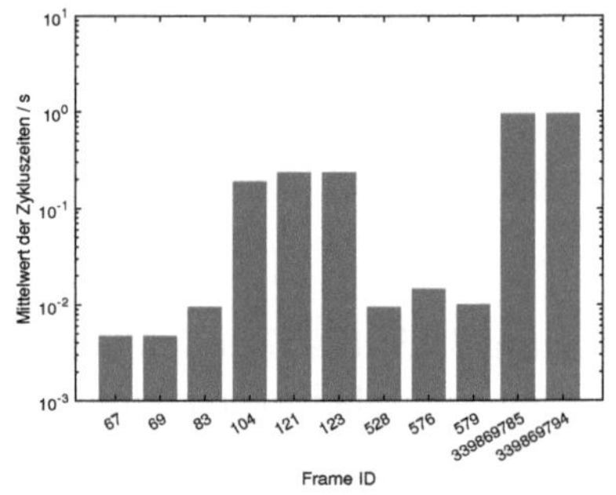

(b) Mittlere Zykluszeiten des Inverter-CANFD

Abbildung 3.14: ID-Verteilung und mittlere Zykuszeiten/Botschaftszyklen beim Inverter-CANFD

Powertrain-CAN

Beim Powertrain-CAN handelt es sich um einen Standard-CAN-Bus, der für die Kommunikation zwischen Komponenten im Antriebsstrang dient. Die Baudrate ist beim Powertrain-CAN auf 500 $kBaud$ parametriert. Auf dem Powertrain Bus kommen 75 verschiedene CAN-Identifier vor, die alle im niedrigen ID-

Bereich liegen. Die ID-Verteilung ist in der Abbildung 3.15(a) dargestellt. Bei diesem Netzwerk weist keine Nachricht einen Anteil über 6% auf und es sind keine Extended-IDs gemessen gesendet worden. Die Zykluszeiten dieser IDs

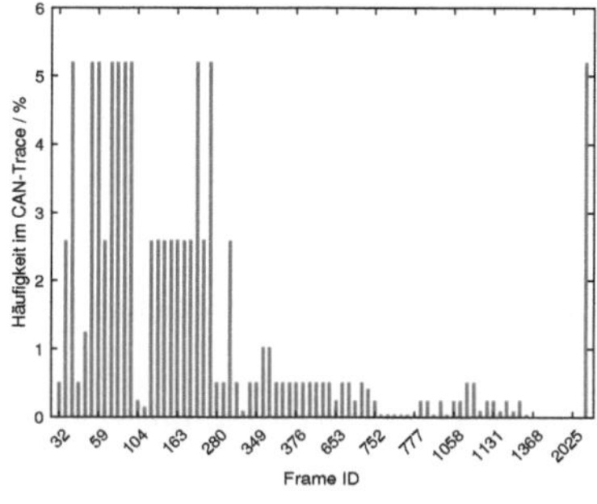

(a) Verteilung ID des Powertrain CAN

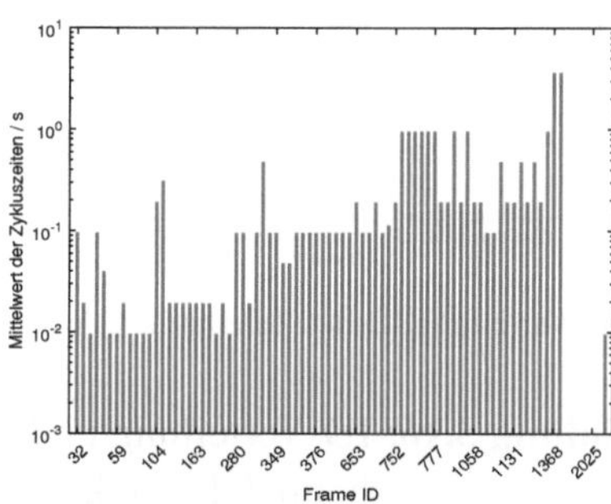

(b) Mittlere Zykluszeiten des Powertrain CAN

Abbildung 3.15: ID-Verteilung und mittlere Zykuszeiten/Botschaftszyklen beim Powertrain CAN

sind in Abbildung 3.15(b) dargestellt. Die kürzesten Zeiten zeigen einen Zyklus von $20ms$. Die längste Zeit zwischen zwei identischen IDs liegt bei $3,7\ s$. Die daraus resultierende Nachrichtenlast kann zu 1950 Nachrichten pro Sekunde ermittelt werden.

Telematik-CAN

Der Telematik-CAN ist ein klassisches CAN-Netzwerk mit einer Baudrate von 500 $kBaud$ und einer ermittelten Anzahl von 5 unterschiedlichen CAN-IDs. Deren Häufigkeiten sind in der Abbildung 3.16(a) dargestellt. Alle Nachrichten IDs sind im Bereich der Extended-IDs, wobei die Nachricht mit der ID 417417370 über 90% aller gesendeter Nachrichten ist.

Dieser Bus hat eine ermittelte Last von 55 Nachrichten pro Sekunde, deren Zykluszeiten in der Abbildung 3.16(b) veranschaulicht sind. Bis auf die Zykluszeit von $20ms$ mit der Nachrichten ID 417417370 sind die anderen bei $1s$.

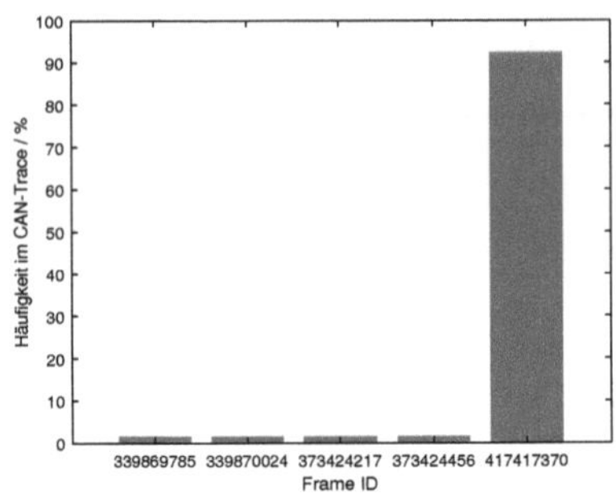

(a) Verteilung ID des Telematik-CAN

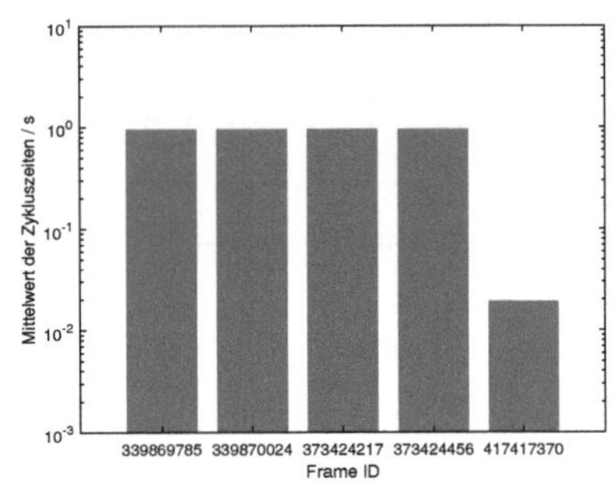

(b) Mittlere Zykluszeiten des Telematik-CAN

Abbildung 3.16: ID-Verteilung und mittlere Zykuszeiten/Botschaftszyklen beim Telematik-CAN

Energiemanagement-CANFD

Dieses Netzwerk ist ein CAN-FD mit einer Basis-Baudrate von $500kBaud$ und einer Daten-Baudrate von $2000kBaud$. Innerhalb der Messung konnten 13

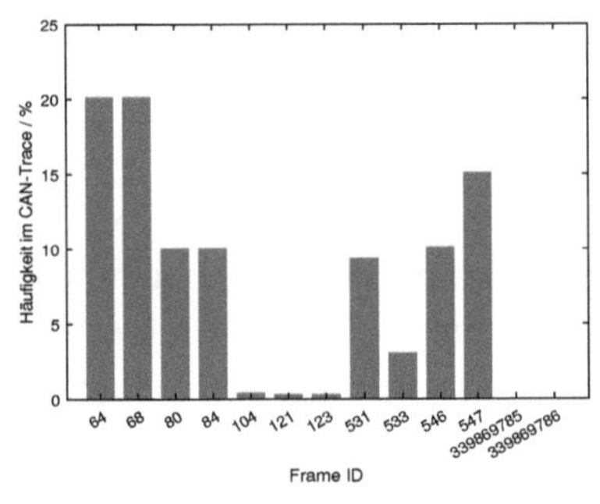

(a) Verteilung ID des Energiemanagement-CANFD

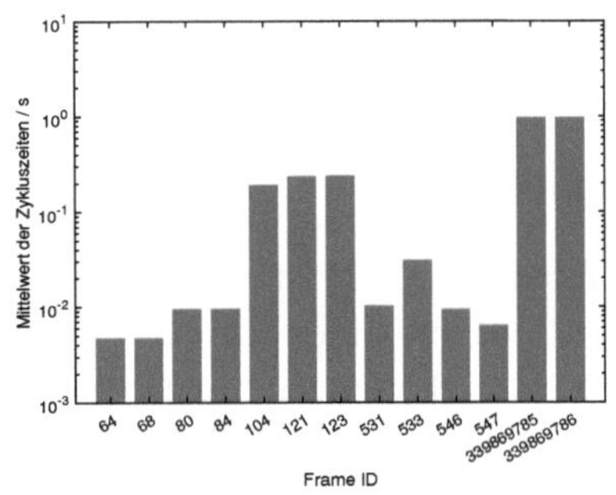

(b) Mittlere Zykluszeiten des Energiemanagement-CANFD

Abbildung 3.17: ID-Verteilung und mittlere Zykuszeiten/Botschaftszyklen beim Energiemanagement-CANFD

verschiedene Nachrichten-IDs identifiziert werden. Diese sind in der Abbildung 3.17(a) mit der Häufigkeit dargestellt. Die Kommunikationslast in diesem Netz wurde mit 1010 Botschaften pro Sekunde ermittelt. Die Zykluszeiten der einzelnen Nachrichten sind in der Abbildung 3.17(b) dargestellt und bewegen sich zwischen $6ms$ und $1s$.

3.3 Erkenntnisse der Baudraten- und Netzwerkanalyse

In diesem Abschnitt werden die Ergebnisse der Netzwerkanalyse und der Baudrateanalyse zusammengefasst. Im Abschnitt zur Baudratenanalyse können zwei unterschiedliche Messmethoden identifiziert werden, die für die Analyse der Baudrate eines Netzwerkes verwendet werden können. Die FFT-Analyse ist ein geeignetes Verfahren, um die Frequenzanteile in einem Signal zu bestimmen. Jedoch kann daraus nicht auf die Grundfrequenzen eines Kommunikationsprozesses geschlossen werden. Da der Anteil einer Frequenz innerhalb einer Kommunikation von der Nachricht und dem Inhalt abhängig ist, können einige Grundfrequenzen nur einmal gemessen werden und stellen somit keinen nennenswerten Anteil in der Messung dar. Daher können diese Frequenzen nicht eindeutig erkannt werden.

Die zweite Methode, DeepMeasure, bietet das Potential, die benötigten Informationen zu ermitteln. Allerdings wird bei dieser Messung von einem Signal mit zwei Halbwellen ausgegangen, bestehend aus positiver und negativer Halbwelle. Für die Bestimmung der Baudrate ist die Pulsbreite jedes Buspegelzustands relevant. Diese Information kann mit dem Tastverhältnis und der Zykluszeit berechnet werden.

Die Erkenntnisse aus der Netzwerkanalyse zeigen, dass jedes Netzwerk eindeutig unterschiedliche Eigenschaften aufweist. Dabei wird zwischen hardwarenahen und Kommunikationseigenschaften unterschieden. Die beiden hardwarenahen Eigenschaften sind die Baudraten und das verwendete Protokoll. Die Kommunikationseigenschaften beziehen sich auf die gesendeten Nachrichten sowie die daraus abgeleiteten Eigenschaften. Für die Identifizierung des Netzwerks können die Anzahl an unterschiedlichen Nachrichten-IDs, die

Häufigkeit sowie die Nachrichtenlast und die einzelnen Zykluszeiten verwendet werden. Somit ergeben sich sechs potentielle Parameter zur Identifizierung eines unbekannten CAN-Netzwerks.

Im Anhang C. sind weitere Analysen von Netzwerken, um einen Vergleich der Netzwerke zu veranschaulichen.

4 Methode und Anwendung zur Erkennung und Identifizierung eines CAN-Netzwerks

In diesem Abschnitt wird eine Methode, ein Netzwerk zu erkennen und zu identifizieren, am Beispiel eines CAN-Netzwerks vorgestellt. Die Erkennung bezieht sich in dieser Arbeit auf die Bestimmung des Protokolls des CAN-Netzwerks und der Kommunikationsgeschwindigkeit, der Baudraten. Identifizierung bedeutet die Zuordnung zu einem bekannten Netzwerk. Als Basis wird das Wissen von der CAN-Kommunikation aus Kapitel 2 und insbesondere den Erkenntnissen aus Kapitel 3 verwendet. Zur Anwendung dieser Methode wird ein IoT-System verwendet, das am FKFS entwickelt wurde. Diese Plattform ist ein verteiltes System, bestehend aus einem Linux-System und einem Infineon TriCore TC3XX Mikrocontroller mit insgesamt 12 unabhängigen CAN-Knoten. Der Mikrocontroller übernimmt die Kommunikation mit dem Fahrzeugschnittstellen. Der Controller dient als zentrales Element, um eine echtzeitfähige Kommunikation zu gewährleisten und dem Linux-Betriebssystem einen Buszugriff zu ermöglichen[69]. Es lassen sich folgende Anforderungen an die Methode ableiten:

- Die Methode soll ohne Hardwaremodifizierungen arbeiten.
  Der Aufbau, bestehend aus CAN-Transceiver mit einer Empfangs- und Sendeleitung bis zum Mikrocontroller soll nicht verändert werden.
- Um einen raschen Netzwerkzugriff zu gewährleisten, ist es erforderlich, eine schnelle Identifikation und Erkennung sicherzustellen.
- Die Methode soll zuverlässig die Technologie und die Baudrate erkennen und das unbekannte Netzwerk identifizieren.
- Die Methode darf keine Auswirkung auf das Netzwerk haben. Insbesondere dürfen keine Nachrichten gestört werden und keine Errorframes erzeugt werden.

C. Seifert, *Methodik zur Erkennung und Identifizierung eines Netzwerks am Beispiel der CAN-Technologie*, Wissenschaftliche Reihe Fahrzeugtechnik Universität Stuttgart, https://doi.org/10.1007/978-3-658-47083-8_4

Die Abbildung 4.1 zeigt die angestrebte Methode zur Erkennung und Identifizierung eines Netzwerks.

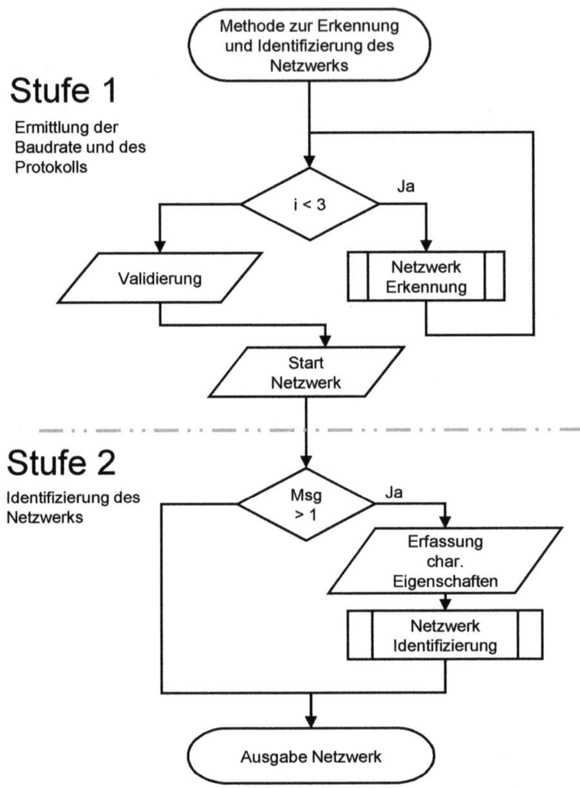

Abbildung 4.1: Ablaufdiagramm Methode zur Erkennung und Identifizierung eines Netzwerks

Das Verfahren zur Netzwerk-Erkennung ist zweistufig. In der ersten Stufe werden die Baudrate und das Protokoll des Netzwerks ermittelt. Dazu werden drei Messungen zur Netzwerkerkennung durchgeführt und die Ergebnisse ausgewertet (i=3). Aus den Messungen wird im Nachgang eine Baudrate ermittelt. Zur Steigerung der Zuverlässigkeit und zur Reproduzierbarkeit der Erkennung müssen mindestens zwei von drei eine identisch ermittelte Baudrate aufweisen.

Anhand dieser Ergebnisse kann eine Verbindung zum Netzwerk aufgebaut werden. Nachdem die Möglichkeit besteht, Nachrichten zu empfangen (Message (Msg) > 1), ist die erste Stufe erfolgreich abgeschlossen. Im zweiten Schritt werden die charakteristischen Eigenschaften des Netzwerks über einen definierten Zeitraum erfasst und ausgewertet. Anhand der charakteristischen Eigenschaften erfolgt die Identifizierung des Netzwerks mittels KI-Algorithmen. Nach Abschluss dieses zweiten Schritts ist das Netzwerk vollständig erkannt und identifiziert.

4.1 Methode zur Erkennung des Netzwerks und der Baudrate

Um die Anforderungen der Methode, die keine Hardwareänderungen vorschreibt, zu gewährleisten wird der Aufbau des CAN-Knotens dargestellt und erläutert. In der Abbildung 4.2 ist schematisch der Aufbau eines CAN-Transceivers mit einer MCU dargestellt. Die MCU ist das zentrale Element und besitzt ein internes Hardware-Modul für die CAN-Kommunikation. Die Schnittstelle zum Transceiver wird mit einem RX-Signal, das immer den aktuellen Zustand vom physikalischen Bus darstellt, und dem TX-Signal, welches den Zustand von der zu sendenden Nachricht darstellt, umgesetzt. Der Trans-ceiver setzt entsprechend den Zustand des TX-Signals um und übermittelt den Zustand auf den Bus. Jeder dieser zwei Pins von der MCU kann jedoch frei konfiguriert werden und als General Purpose Input/Output (GPIO) verwendet werden. Für die Erfassung der Buszustände wird das RX-Signal über diesen Input-Pin eingelesen. Während des laufenden Betriebs der MCU besteht die Möglichkeit, die betreffenden Pins umzukonfigurieren. Nach erfolgreicher Erkennung des Netzwerks kann das interne CAN-Modul mit diesen Pins konfiguriert werden. Dafür wird der erste Schritt der Methode zur Erkennung eines unbekannten CAN-Netzwerks durchgeführt. Die Ermittlung des Protokolls sowie der Baudrate stellt dabei eine wesentliche Voraussetzung dar. In der Abbildung 4.3 ist das Ablaufdiagramm des Verfahrens dargestellt. Die Machbarkeit und verschiedene Ansätze wurden in begleitenden wissenschaftlichen Arbeiten nachgewiesen. In der Arbeit mit dem Titel „Auswahl und Implementierung eines digitalen Filters zur Signalanalyse“[64] wird ein Verfahren zur Erkennung und Validierung

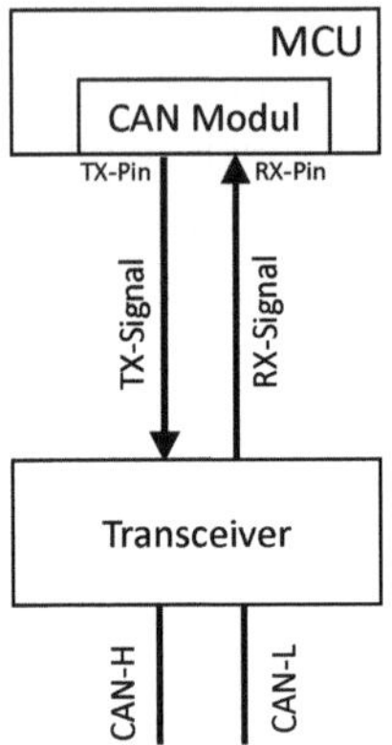

Abbildung 4.2: Anschluss CAN-Transceiver mit MCU

eines CAN-Frames auf Basis der Protokollnachbildung realisiert. Der Schwerpunkt liegt dabei auf der softwaretechnischen Erkennung und Interpretation des CAN-Trace und so der Bestimmung der Baudrate.

Um das Netzwerk zu erkennen, werden zunächst Pulsdauern erfasst und diese bilden eine Datenbasis. Die Bitzustände am Bus werden anhand einer definierten Anzahl von Zustandswechseln, welche über das GPIO-Signal erfasst werden, bestimmt. Da zu diesem Zeitpunkt noch keine Information über die Technologie vorliegt, muss von einer maximalen Datenrate von $8Mbit/s$ ausgegangen werden. Dieser Grenzwert entspricht der aktuellen maximalen Spezifikation für ein CAN-FD-Netzwerk in der Datenphase. Um die Pulsdauern zu erfassen, wird auf eine Zustandsänderung am Bus gewartet. Sobald ein Zustandswechsel erkannt wird, wird die Pulsdauer mithilfe eines Timers[1] ermittelt. Das hier beschriebene Messverfahren generiert eine Datenbasis, die sich aus den Längen der gemessenen Zustände am Bus zusammensetzt. Die so erzeugten Daten werden anhand eines Histogramms gefiltert, um zeitliche Schwankungen der Knoten beim Senden und Messunsicherheiten zu reduzieren[72]. Anschließend

[1]Ein Timer oder Counter ist eine Hardware-Komponente im Mikrocontroller, der in einem definierten zeitlichen Abstand zählen kann.

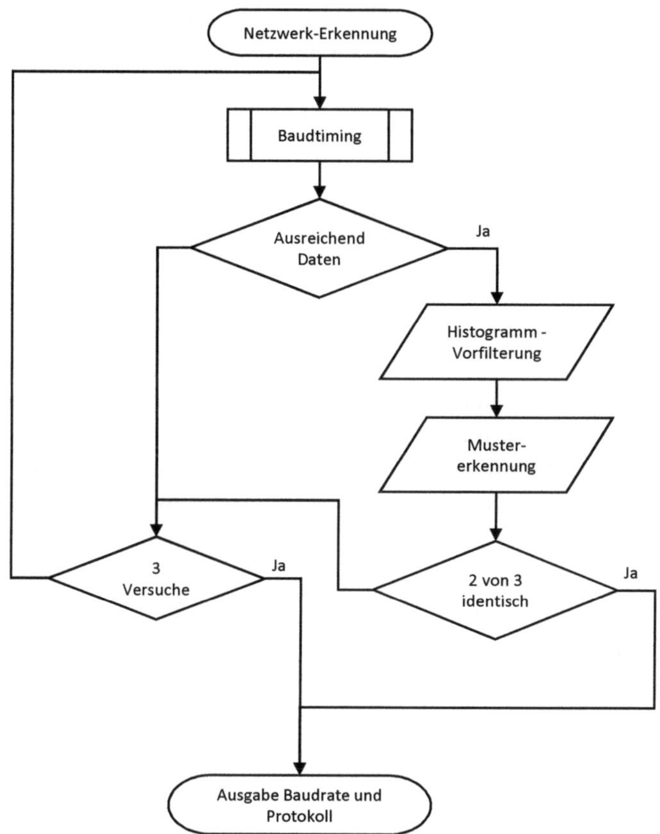

Abbildung 4.3: Ablaufdiagramm Baudratenerkennung

werden die gefilterten Daten auf bestimmte Muster hin untersucht, um Rückschlüsse auf Baudrate und Technologie zu ermöglichen. Diese Methode basiert auf zwei Annahmen:

- Ein einzelnes Bit wurde während der Messung übertragen und aufgezeichnet.
- Es wurden mindestens drei verschiedene Bitfolgen gesendet und aufgezeichnet.

Im Folgenden werden die zuvor erläuterten Abschnitte für die Erfassung der Pulsbreiten in Kapitel 4.1.1, der Signalverarbeitung in Kapitel 4.1.2 und der Mustererkennung in Kapitel 4.1.3 behandelt.

4.1.1 Erfassung des Bit-Timings eines CAN-Frames

Die Genauigkeit und Zuverlässigkeit der Baudraten-Erkennung sind maßgeblich von der Qualität der Impulsdauer-Erfassung abhängig. Eine exakte Erfassung der Pulsdauern ist Voraussetzung für eine exakte Bestimmung der Baudrate. Zudem beeinflussen das verwendete Protokoll und der Inhalt der gesendeten Nachricht die Erfassung der Pulslängen. Im klassischen CAN-Netzwerk bleibt die Baudrate unverändert und es können Bitlängen von 1 – 5 Bitlängen vorkommen. Beim CAN-FD hingegen können bis zu 10 unterschiedliche Bitlängen gesendet werden. Nach dem Senden des Headers wird bei CAN-FD die Baudrate gewechselt, wobei die Basis-Baudrate hauptsächlich von der CAN-ID abhängt. In der wissenschaftlichen Arbeit [64] werden unterschiedliche Programmtechniken hinsichtlich der Leistungsfähigkeit untersucht. Dabei zeigt sich, dass die Verwendung von Pointern als Datentyp für die Erkennung eine effiziente und schnelle Möglichkeit darstellt. Die Abbildung 4.4 veranschaulicht die Erfassung einer Pulsbreite.

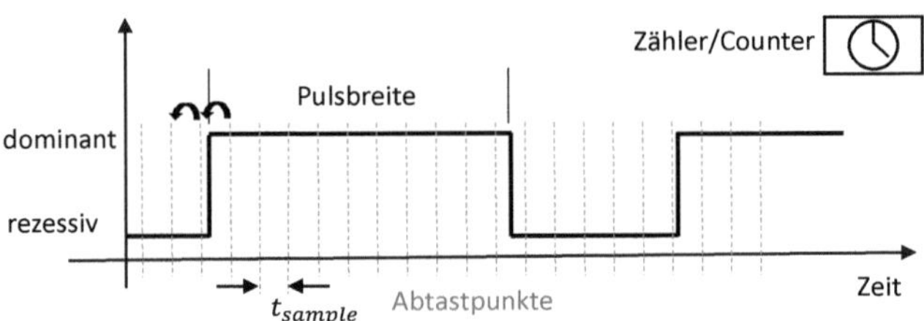

Abbildung 4.4: Erfassung einer Pulsdauer anhand einem GPIO-Pin

Der aktuelle Buszustand wird mit hoher Geschwindigkeit mit einem GPIO-Pin erfasst und mit dem zuvor gespeicherten Wert verglichen. Sobald eine Änderung festgestellt wird, wird der Zählwert von einer unabhängigen Zeitmessung gespeichert und für die spätere Mustererkennung gespeichert.

Im relevanten Codeabschnitt 4.1 wird die Erfassung des Zustandes am CAN-Bus anhand eines Input Pins dargestellt. Als Eingangssignal wird das Rx-Signal aus der Abbildung 3.3 verwendet:

Listing 4.1: Codeabschnitt Pulsbreitenerkennung

```
while( (* ptrFinishFlag ) ){
  //Neuen Zustand einlesen
  (* ptrState ) = ((* ptrInputPin )&Pinmask);
  //Zustandsaenderung
  if((* ptrLastState ) != (* ptrState )){
    //Timer-Wert abspeichern
    (* ptrWrite ) = (*ptrBRDCounter);
    ptrWrite++;
    //Pruefen der Abbruchkriterien
    if((*ptrEnd) != 0) (* ptrFinishFlag ) = 0;
    //akutellen Zustand speichern
    (* ptrLastState ) = (* ptrState );
  }
};
```

Die Aufgabe dieses Abschnitts besteht darin, den Zustand des Busses schnellstmöglich zu erfassen und mit dem vorherigen Wert zu vergleichen. Sobald ein Unterschied festgestellt wird, wird von einer unabhängigen Zeitmessung, mit einer Zählfrequenz von 100 MHz, der aktuelle Zählwert abgespeichert. Als Abbruchkriterien werden entweder eine bestimmte Anzahl an Flankenwechseln oder eine definierte Zeit verwendet, innerhalb derer keine Zustandswechsel erkannt werden. Diese Kriterien werden an einer anderen Stelle im Code überpüft und der Zustand über den Pointer $*ptrEnd$ signalisiert. Um eine Aussage über die maximale Frequenz der Erfassung treffen zu können wird der obige Abschnitt auf die Laufzeit hin analysiert.

Die Berechnung der Grenzfrequenz erfolgt durch eine Untersuchung des zuvor gezeigten Codeabschnitts anhand des Kompilats[2] auf die einzelnen Befehle. Hierbei wird der Assembler-Code, einschließlich des Programm Counter (PC), betrachtet. Anhand dieser Informationen können die benötigten Taktschritte für jeden Rechenschritt ermittelt und addiert werden, um die Gesamtzahl des

[2] Der aus den C-Dateien erzeugte maschinenlesbare Code wird als Kompilat bezeichnet. Dieser wird vom Assembler generiert.

Rechenbedarfs zu bestimmen. Das Kompilat ist in dem Codeabschnitt 4.2 aufgelistet. [33]

Listing 4.2: Kompilat der Pulsbreitenerkennung

```
01 |     463                       while( (* ptrFinishFlag ) ){
02 |      000000008001b53a: jg          0x8001b564
03 |      466                   (* ptrState ) = ((* ptrInputPin )&Pinmask);
04 |      000000008001b53c: ld.w        d15,[a2]
05 |      000000008001b53e: and         d15,d2
06 |      000000008001b540: st.h        [a5],d15
07 |      468                   if((* ptrLastState ) != (* ptrState )){
08 |        000000008001b542: ld.hu       d15,[sp]0x2
09 |        000000008001b546: ld.hu       d0,[sp]0x0
10 |        000000008001b54a: jeq         d15,d0,0x8001b564
11 |        470                   (* ptrWrite ) = (*ptrBRDCounter);
12 |        000000008001b54c: ld.hu       d15,0xf0001110
13 |        000000008001b550: st.h        [a4],d15
14 |        471                   ptrWrite++;
15 |        000000008001b552: add.a       a4,#0x2
16 |        473                   if((*ptrEnd) != 0) (* ptrFinishFlag ) = 0;
17 |        000000008001b554: ld.hu       d15,[a6]0x4ae
18 |        000000008001b558: jz          d15,0x8001b55e
19 |        000000008001b55a: mov         d15,#0x0
20 |        000000008001b55c: st.b        [a12],d15
21 |        475                   (* ptrLastState ) = (* ptrState );
22 |        000000008001b55e: ld.hu       d15,[sp]0x0
23 |        000000008001b562: st.h        [a13],d15
```

Dieser Abschnitt zeigt den maschinenlesbaren Code aus dem zuvor gezeigten C-Code-Abschnitt. Als Beispiel wird der Befehl aus der Zeile zwei gezeigt. In diesem Fall ist der PC $000000008001b53a$ und benötigt zwei Taktzyklen für die Bearbeitung. Für die Erfassung, den Vergleich und die Speicherung der Pulsbreite sind 16 verschiedene Befehle mit insgesamt 40 Takten erforderlich. Ausgehend von einer CPU-Frequenz von 300 MHz kann die Grenzfrequenz als Division von der CPU-Geschwindigkeit durch die der Summe aller benötigter Takte berechnet werden. Diese ergeben sich somit zu 300 $MHz/(4 \cdot 4 + 12 \cdot 2) = 7,5MHz$.

Zur Bestimmung der Grenzfrequenz des realen Systems wird eine Versuchsanordnung aufgebaut um die theoretische Betrachtung zu evualuieren. Der Frequenzgenerator erzeugt ein Rechtecksignal mit einer Frequenz zwischen 500 Hz und 3500 Hz mit einem Tastverhältnis von 50%. Die erfasste Pulsdauer entspricht dem Doppelten, da das Signal aus zwei Impulsen besteht. Dieses Signal entspricht einer Baudrate von 1 $kBaud$ bis zu einer Baudrate im Datenfeld von 7000 $kBaud$.

Abbildung 4.5 zeigt das Ergebnis der Erfassung und Erkennung der bekannten Frequenz. Die Grenzfrequenz ist gelb, die Prüffrequenz grün und der Lösungsbereich gestrichelt grün dargestellt. Der Lösungsraum wird durch die Abweichung und damit durch den Raum zwischen zwei Zählzuständen definiert. Die Berechnung erfolgt nach den Formeln Gl. 4.2 und Gl. 4.3. Für die Berechnung der Frequenzen werden die Formeln Gl. 4.4 und Gl. 4.5 verwendet.

$$z_{test} = \frac{f_{counter/timer}}{f_{test}} \qquad \text{Gl. 4.1}$$

$$z_{min} = \lfloor z_{test} \rfloor \qquad \text{Gl. 4.2}$$

$$z_{max} = \lceil z_{test} \rceil \qquad \text{Gl. 4.3}$$

$$f_{max} = \frac{f_{counter/timer}}{z_{min}} \qquad \text{Gl. 4.4}$$

$$f_{min} = \frac{f_{counter/timer}}{z_{max}} \qquad \text{Gl. 4.5}$$

mit

z_{test}	Zählwert der Pulsdauer der Prüffrequenz
f_{test}	Prüffrequenz
f_{max}	maximale Frequenz des Lösungsraums
f_{min}	minimale Frequenz des Lösungsraums
$f_{counter/timer}$	Zählfrequenz von der Zeitmessung

Dabei ist z der Zählerstand von der unabhängigen Zeitmessung zwischen zwei Flankenwechseln und f_{test} die Prüffrequenz. Da das Zeitzählwerk auf einem ganzzahligen Wertesystem basiert, ergeben sich Rundungsfehler im Bereich einer halben Stelle. Daraus ergibt sich der mögliche Lösungsraum aus den Gleichungen Gl. 4.2 und Gl. 4.3. Die Abweichungen werden bei höheren Frequenzen deutlich größer. Damit ist es nicht mehr möglich, den exakten Wert zu bestimmen.

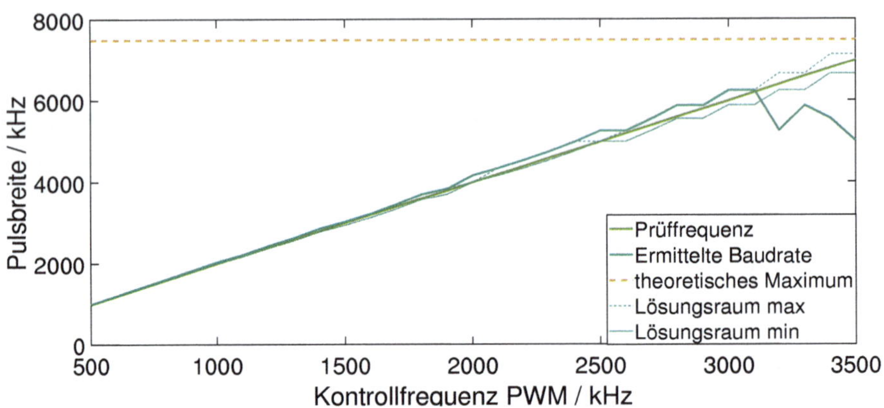

Abbildung 4.5: Frequenzanalyse- Datenerfassung

Bis zu einer Prüffrequenz von 2000 kHz bzw. einer Baudrate von 4000 $kBaud$ ist das Ergebnis eine gute Näherung. Darüber kommt es zu einer leichten Abweichung, die über der tatsächlichen Frequenz liegt. Die gemessene Grenzfrequenz liegt bei einer angelegten Prüffrequenz von 3100 kHz bzw. einer Baudrate von 6200 $kBaud$. Bei kürzeren Pulsbreiten können einzelne Flanken nicht immer erkannt werden, sodass falsche Werte ermittelt werden.

Basierend auf den Erkenntnissen der Pulsbreitenerkennung kann diese Methode auf die Baudratenerkennung bei CAN-Frames angewandt werden. Diese Erfassung kann bis zur zuvor ermittelten Grenzfrequenz zuverlässig die Pulsdauern bestimmen. In der Abbildung 4.6 sind die ermittelten Zählerwerte eines Rx-Signals einer Signalübertragung von einem CAN-FD-Netzwerk dargestellt. Die erfassten Pulsdauern sind auf der Abszisse und die Anzahl von identischen Pulsbreiten auf der Ordinate aufgetragen. In Summe werden 500 Flankenwechsel erfasst. Diese Pulsbreiten bilden die Datenbasis zur Erkennung der Baudrate und des Protokolls vom Netzwerk.

Die kleinste Impulsbreite weist einen Zählwert von 42 Zählern auf, die zur Basis von $100MHz$ ermittelt werden. Dieser Wert kann in die Pulslänge mit $42/100\ MHz = 0,42\mu s$ berechnet werden, das einer Baudrate von 2380,95 $kBaud$ entspricht. Die zwei längsten Zählwerte von 29682 und 45682 sind die Bereiche zwischen zwei Nachrichten und stellen somit keinen Bereich der

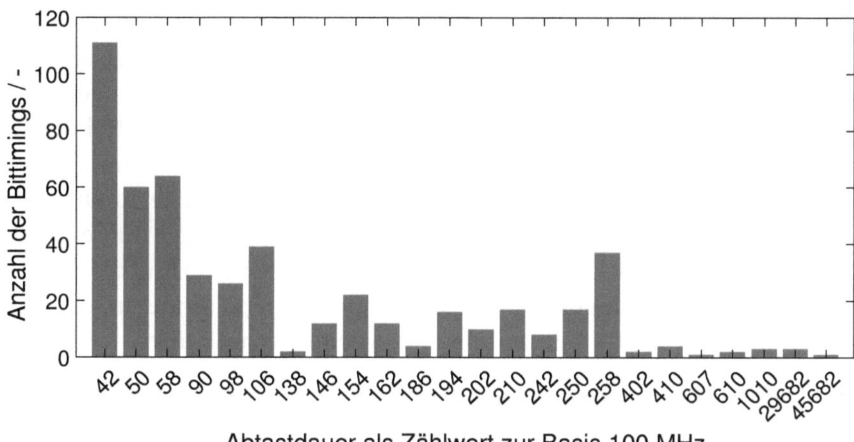

Abbildung 4.6: Erfasste Pulsbreiten eines CAN-FD-Frames

Kommunikation dar. Die längste Impulsdauer der Kommunikation mit einem Zählwert von 1010 entspricht einer Baudrate von $99kBaud$. Die Messung der Pulsbreiten bildet die Basis für die Filterung und Mustererkennung und somit der Baudratenerkennung und für die Ermittlung des Protokolls.

4.1.2 Filterung der erfassten Pulsbreiten mittels eines Histogramms

Um die Rohdaten der Pulsbreitenmessung interpretieren zu können, erfolgt eine Filterung und Plausibilitätsprüfung. Im ersten Schritt der Filterung werden Daten, die außerhalb plausibler Werte liegen, aussortiert. Pulsbreiten, die länger als 10000 Zählwerte sind, entsprechen einer Pulsbreite von 100 μs bzw. 10 $kBaud$ als Datenrate und sind mit hoher Wahrscheinlichkeit eine ungültige Bitfolge am Bus. Solche Werte stellen den Bereich zwischen zwei Nachrichten dar. Ebenso werden Werte, die geringer als die ermittelte Grenzfrequenz sind, als ungültig klassifiziert, da sie unter Zählwerten von 16 liegen. Mit den bereinigten Daten wird anschließend anhand einer dynamischen Klassenbreite ein Histogramm erstellt.

Basierend auf der Theorie aus Kapitel 3.1 treten bei einem klassischen CAN-Netzwerk bis zum Fünffachen der ermittelten signifikanten Bitlänge auf. Somit kann die Histogramm-Breite als Zählwert des signifikanten Bit angenommen werden, um eine Separierung der Zustände am Bus zu erhalten. Bei dem Protokoll von CAN-FD kann es zu einer Erhöhung der Baudrate im Datenfeld kommen, die ein Vielfaches der Basisbaudrate ist. Dies kann zu einer Überlappung der Pulsdauern von CAN- und CAN-FD-Bitlängen führen. In der Abbildung 4.7 sind die Pulsweiten des CAN-Anteils in grün und die des CAN-FD-Anteils in gelb dargestellt. Die Markierungen repräsentieren jeweils die ideale Pulsdauer für 1 – 5 identische Bits, von rechts nach links.

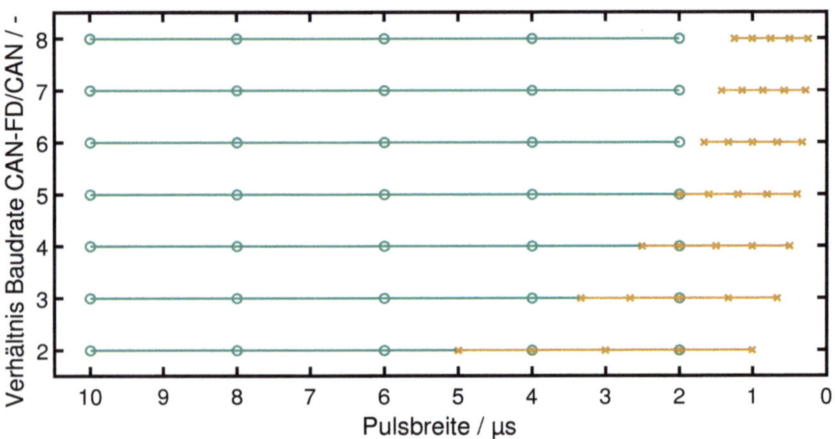

Abbildung 4.7: Überlappung der Bitlängen eines CAN-FD-Netzwerks mit einer Basisbaudrate von 500 $kBaud$

Im Bereich bis zum Fünffachen der Basisbaudrate kommt es zu einer Überlappung der Pulsdauern. Infolgedessen kann die Klassenbreite des Histogramms nicht mehr ausschließlich von der signifikanten Bitlänge bestimmt werden, da andernfalls die Information über die auftretenden Pulsdauern verloren gehen kann. Im Falle einer zu großen Klassenbreite werden mehrere Pulsdauern in eine neue Klasse zusammengefasst, wodurch ein Informationsverlust eintritt. Daher ist die Bestimmung der Klassenbreite abhängig von der Basisbaudrate sowie dem Verhältnis von CAN-FD- zur CAN-Baudrate. Die Berechnung erfolgt anhand des minimalen Abstands zwischen der CAN-Baudrate und allen CAN-FD-Baudraten. In manchen Fällen ist die Pulsdauer eines CAN-FD und eines CAN Pules identisch. Die Bitlängen, die dem CAN und dem CAN-FD zugeordnet werden können, müssen bei der Berechnung der Klassenbreite ausgeschlossen werden.

Für die Berechnung der Klassenbreite werden zwei Annahmen getroffen:

- Die längste erfasste Pulsdauer entspricht 5 Bits.
- Die kürzeste erfasste Pulsdauer entspricht 1 Bit.

Auf Grundlage dieser Annahmen kann das Verhältnis r zwischen $CAN - FD/CAN$ bestimmt werden. Für die Berechnung der minimalen Klassenbreite wird das gerundete Verhältnis r nach Gl. 4.6 und Gl. 4.7 verwendet.

$$r_{min} = \lfloor \frac{max(Abtastdauer)}{5 \cdot min\,(Abtastdauer)} \rfloor \qquad \text{Gl. 4.6}$$

$$r_{max} = \lceil \frac{max(Abtastdauer)}{5 \cdot min\,(Abtastdauer)} \rceil \qquad \text{Gl. 4.7}$$

Auf Basis dieser zwei Ergebnisse werden die Pulsdauern für CAN mit der Anzahl an unterschiedlichen Bits $n \in \mathbb{N}[\ 1 - 5]$ sowie der Anzahl an CAN-FD Zuständen, $m \in \mathbb{N}[\ 1 - 5]$, berechnet. Die Klassenbreite wird anhand des Minimums der Zählerwerte, mit der Frequenz von $100MHz$, von CAN zu CAN-FD nach Gl. 4.8 bestimmt:

$$z_{minKlassenbreite} = min(n \cdot z_{1Bit} - m \cdot z_{fd_1 Bit}) \qquad \text{Gl. 4.8}$$

mit

$z_{minKlassenbreite}$	minimale Klassenbreite des Histogramms
z_{1Baud}	Zählwert der Pulsdauer der Basisbaudrate (1 Bit)
$z_{fd_1 Baud}$	Zählwert der Pulsdauer der Baudrate im Datenfeld (1 Bit)

Aus den Messdaten in der Abbildung 4.6 kann die Klassenbreite nach der Gleichung Gl. 4.8 zu einem Zählwert von 40 bestimmt werden. Mit dieser

Klassenbreite wird ein Histogramm erstellt und gemeinsame Messdaten werden innerhalb dieser Breite zusammengefasst. Die Messdaten, die zu einer Klasse gehören, werden als Mittelwert aus dem erfassten Zählwert und der Anzahl der gleichen Messpunkte berechnet. Diese sind in Abbildung 4.8 dargestellt.

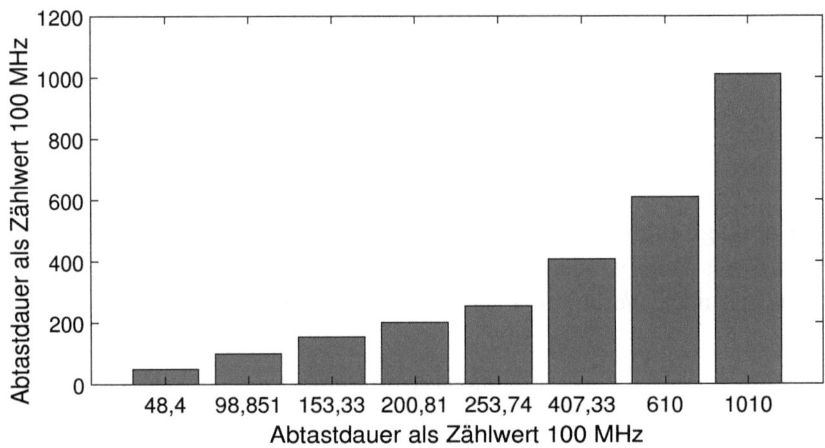

Abbildung 4.8: Ermittelte Klassen anhand der Zählwerte zur Basis $100 MHz$

Die Beispielmessung der Pulsbreiten dient der Erstellung eines neuen Histogramms mit acht Klassen. Die so erzeugten Daten werden für die Mustererkennung, die Protokollbestimmung sowie die Plausibilitätsprüfung eingesetzt.

4.1.3 Mustererkennung für die eindeutige Bestimmung der Baudrate

Mittels Mustererkennung erfolgt anhand der zuvor ermittelten Klassen im Histogramm eine Validierung der ermittelten Baudrate und des Protokolls. Wie in den Grundlagen, insbesondere in Kapitel 2.2.2 erläutert, können bis zu 5 identische Bits hintereinander gesendet werden. Dieses Verhalten gilt auch für die Übertragung des Datenfelds im CAN-FD. In der Abbildung 4.9 ist das Ablaufdiagramm dargestellt.

Um CAN und CAN-FD zu unterscheiden, muss das Verhältnis zwischen der kürzesten und längsten Pulsbreite bestimmt werden. Wenn das Verhältnis größer

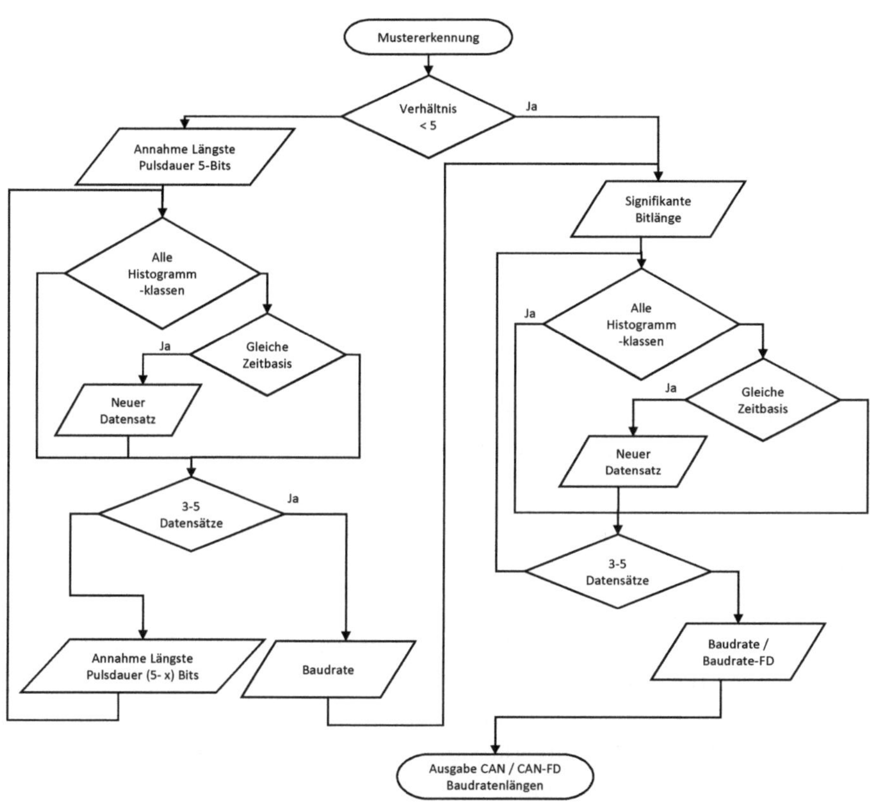

Abbildung 4.9: Ablaufdiagramm der Mustererkennung

als 5 ist, handelt es sich um ein CAN-FD-Netzwerk. Je nach Protokoll müssen eine oder zwei Baudraten bestimmt werden. Bei der Berechnung der schnelleren Baudrate wird davon ausgegangen, dass die kürzeste Pulsdauer eine signifikante Bit darstellt und somit die Zeitbasis für die weiteren Bitlängen von zwei bis zum Fünffachen dieser Pulsdauer bildet. Innerhalb aller Histogrammklassen werden die Bitlängen gesucht, die die gleiche Zeitbasis besitzen. Die so ermittelte Pulsdauer als Zählwert z_{CAN} wird als arithmetischer Mittelwert der Abtastdauer über die Pulslänge berechnet, siehe Gl. 4.9.

$$z_{CAN} = \frac{1}{n} \sum_{n=1}^{5} \left(\frac{Abtastdauer}{n} \right) \qquad \text{Gl. 4.9}$$

mit

z_{CAN}	Zählwert der Pulsdauer der Basisbaudrate (1 Bit)
$Abtastdauer$	Zählwert der Histogrammklasse
n	Ganzzahliges Vielfaches des Zählwerts (1 Bit)

Im Fall eines Standard-CAN Netzwerk ist die so berechnete Baudrate die Kommunikationsgeschwindigkeit. Bei einem CAN-FD- oder CAN-XL Netzwerk muss noch die zweite Baudrate, die von der Arbitrierungsphase, bestimmt werden.

Invers zur Bestimmung der schnellen Baudrate wird als Ausgangspunkt für die CAN-Basisbaudrate angenommen, dass die längste Impulsdauer dem Wert von 5 gleichen Bits entspricht. Der Algorithmus sucht wie bei der ersten Baudrate nach 5 Zuständen mit gleicher Zeitbasis und berechnet aus den gefundenen Zählwerten die Baudrate als Mittelwert wie in Gl. 4.9. Wird keine Übereinstimmung zur gleichen Zeitbasis gefunden, wird die Annahme von 5 Bits bei jedem Durchgang reduziert. Zur zuverlässigen Bestimmung der Baudrate wird als Bewertungskriterium mindestens die eindeutige Zuordnung von drei Zuständen mit unterschiedlichen Bitlängen zu einer gemeinsamen Zeitbasis vorausgesetzt. Im Falle einer Überlappung der CAN-FD- und CAN-Zählwerte besteht die Möglichkeit, die Werte beiden Baudraten zuzuordnen.

Da in der Beispielmessung das Verhältnis zwischen dem längsten und dem kürzesten Wert größer als fünf ist, wird als Protokoll CAN-FD festgelegt. Auf Basis der vorliegenden Erkenntnisse ist es erforderlich, eine Basisbaudrate sowie eine Datenbaudrate zu ermitteln. In der Abbildung 4.10 sind rechts die ermittelten Pulslängen für den CAN-FD-Bereich dargestellt. In der linken Abbildung 4.10(a) sind die erkannten Pulslängen für die Basisbaudrate hervorgehoben.

Bezüglich der CAN-FD-Baudrate wird der kürzeste Pulszählwert von $48,4$ zugrunde gelegt. Anhand dieses signifikanten Bits werden die Zählwerte von $98,85$, $153,3$, $200,81$ und $253,74$ dem CAN-FD zugeordnet. Diese sind in grün

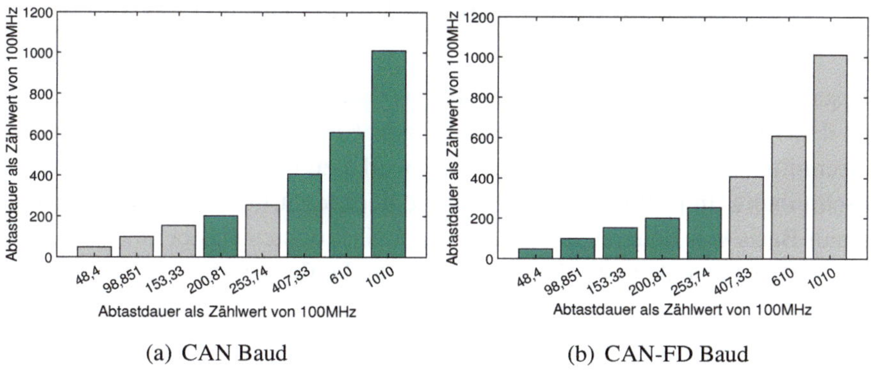

(a) CAN Baud

(b) CAN-FD Baud

Abbildung 4.10: Mustererkennung CAN und CAN-FD

auf der rechten Seite markiert. Die Baudrate für diesen Bereich kann laut der Gleichung Gl. 4.9 zu einem Zählwert von 49, 9772 berechnet werden. Dieser Wert entspricht einer Baudrate von 100 $MHz/49{,}9772 = 2000{,}9\ kBaud$.

Zur Bestimmung der Basisbaudrate wird von der längsten Impulsdauer mit dem Zählwert von 1010 ausgegangen, sowie von der Annahme, dass es sich um 5 Bits handelt. Daraus wird die neue signifikante Bitlänge zu einem Zählwert von $1010/5 = 202$ bestimmt. Auf dieser Basis werden die Zählwerte von 200,81, 407,33 und 610 gefunden. Analog kann die Basisbaudrate anhand der Gleichung Gl. 4.9 zu 202, 4521 bzw. der Baudrate von $100MHz/202{,}4521 = 493{,}9440\ kBaud$ bestimmt werden. Diese ausgewählten Bitlängen bzw. Zählwerte sind in der Abbildung 4.10(a) in grün dargestellt.

Die Plausibilitätsprüfung erfolgt durch Division der beiden ermittelten Baudraten, die ein nahezu ganzzahliges Vielfaches bilden muss. Anhand dieser bestimmten Baudraten und des Protokolls wird das CAN-Modul gestartet und sobald Nachrichten korrekt empfangen werden können, ist diese Stufe validiert und abgeschlossen. Die Identifizierung des Netzwerks erfordert eine erfolgreiche Kommunikation und somit ist die Grundvoraussetzung geschaffen.

4.2 KI gestützte Identifikation von Fahrzeug-Netzwerken

Dieser Abschnitt beschreibt die Stufe zwei, der Netzwerkidentifikation, die auf den Erkenntnissen aus dem vorherigen Kapitel 3.2 basiert. Ziel dieses Abschnitts ist die Zuordnung eines Netzwerks zu einer korrekten Netzwerkbeschreibung. In [50] ist die Machbarkeit einer Identifikation gezeigt worden, die auf Basis von Baudraten, Buslasten und Nachrichten-IDs beruht[50]. Jedes Netzwerk hat charakteristische Eigenschaften, die für die Identifikation genutzt werden können. Diese Eigenschaften ermöglichen eine eindeutige Identifizierung. Eine schnelle und zuverlässige Identifizierung erfordert eine einfache und schnelle Bestimmbarkeit der charakteristischen Eigenschaften. Im Folgenden werden diese Eigenschaften näher erläutert. Als Datenbasis werden ca. 1300 CAN-/CAN-FD Messungen verwendet, um die charakteristischen Daten zu identifizieren und KI-Algorithmen anzutrainieren. In Tabelle 4.1 sind die Netzwerkklassen mit der Anzahl der Messungen eines jeden Netzwerks aufgeführt.

Tabelle 4.1: Anzahl CAN-Messungen der Datenbank für die KI-Algorithmen

CAN-Netzwerk	Anzahl der Messungen
Body-CAN	89
Diagnose-CAN	314
Dynamics-CAN	22
Antriebsstrang-CANFD	315
Antriebsstrangsensor-CAN	15
Engine-CAN	114
Fahrzeuginnenraum-CAN	135
Headunit-CAN	8
Inverter-CANFD	10
Telematik-CAN	4
Peripherie-CAN	5
Powertrain-CAN	147
Energiemanagement-CANFD	106

Die Netzwerke Diagnose und Antriebsstrang-CANFD sind häufiger aufgezeichnet worden und bieten eine äußerst solide Datenbasis für die Analyse. Allerdings sind die Klassen Telematik-CAN, Peripherie-CAN und Headunit-CAN unterrepräsentiert und könnten aufgrund der begrenzten Datenbasis zu Fehlidentifizierung führen.

4.2.1 Eigenschaft - Baudrate und Protokoll eines Netzwerks

Die ersten zwei charakteristischen Eigenschaften sind die Parametrierung des Netzwerkes und dessen Protokoll. Der Parameter, Baudrate, ist eine hardwarenahe Einstellung, die konstant bleibt und nur in der frühen Entwicklungsphase eines Fahrzeuges geändert wird. Die Baudraten und das Protokoll der zu untersuchenden Netzwerke sind in der Tabelle 4.2 zusammengefasst. Dabei beziehen sich die Werte in der Tabelle auf kBaud.

Tabelle 4.2: Baudraten unterschiedlicher CAN-Netzwerke

	Baudrate	**Baudrate FD**
Body-CAN	250	0
Diagnose-CAN	500	0
Dynamics-CAN	500	0
Antriebsstrang-CANFD	500	2000
Antriebsstrangsensor-CAN	500	0
Engine-CAN	800	0
Fahrzeuginnenraum-CAN	500	0
Headunit-CAN	250	0
Inverter-CANFD	500	2000
Telematik-CAN	500	0
Peripherie-CAN	500	0
Powertrain-CAN	500	0
Energiemanagement-CANFD	500	2000

Die CAN-Netzwerke lassen sich anhand der Tabelle in zehn Standard-CAN-Netzwerke und drei CAN-FD-Netzwerke unterteilen. Die drei CAN-FD Netzwerke haben eine Basisbaudrate von 500 $kBaud$ und eine Datenrate von

2000 $kBaud$, was dem Vierfachen der Basisbaudrate entspricht. Die Standard-CAN-Netzwerke unterteilen sich weiter in zwei Netzwerke mit einer Baud-rate von 250 $kBaud$ und sieben Netzwerke mit einer Baudrate von 500 $kBaud$. Ein Netzwerk hat eine Kommunikationsgeschwindigkeit von 800 $kBaud$ und eins mit einer Baudrate von 250$kBaud$.

4.2.2 Eigenschaft - Nachrichten-Identifier

Die dritte charakteristische Eigenschaft eines CAN-Netzwerks ist die Anzahl der unterschiedlichen CAN-IDs, die in diesem Netzwerk vorkommen. Um ein unbekanntes Netzwerk zu klassifizieren, werden die Mittelwerte, Mediane und Standardabweichungen der CAN-IDs der zuvor untersuchten Netzwerke herangezogen. Die Analyse zeigt, dass eine große Spreizung zwischen den einzelnen CAN-Netzwerken vorliegt. Ein wesentlicher Faktor ist die einfache Bestimmung von dieser Eigenschaft. Die Ergebnisse der dritten charakteristischen Eigenschaft sind in Tabelle 4.3 zusammengefasst.

Tabelle 4.3: Anzahl an unterschiedlichen CAN-Frames im Netzwerk

	Mittelwert	**Median**	**Abweichung**
Body-CAN	195,72	197	18,10
Diagnose-CAN	148,84	148	16,96
Dynamics-CAN	10,72	11	1,18
Antriebsstrang-CANFD	14,07	14	0,78
Antriebsstrangsensor-CAN	23,82	21	8,36
Engine-CAN	74,51	76	14,67
Fahrzeuginnenraum-CAN	187,18	245	91,05
Headunit-CAN	32,44	32	7,97
Inverter-CANFD	11,00	11	0,00
Telematik-CAN	5,00	5	0,00
Peripherie-CAN	40,25	48	16,86
Powertrain-CAN	67,01	75	16,81
Energiemanagement-CANFD	13,01	13	0,11

Es zeigt sich, dass klassische CAN-Netzwerke im Vergleich zu CAN-FD-Netzwerken tendenziell eine höhere Anzahl unterschiedlicher CAN-IDs aufweisen. Beim Fahrzeuginnenraum-CAN ist die Standardabweichung jedoch um ein Vielfaches höher als der Durchschnitt. Demgegenüber weisen das Inverter-CANFD- und das Telematik-CAN-Netzwerk eine Standardabweichung von null auf. Diese Anomalie lässt sich durch die geringe Stichprobe dieser Netzwerke begründen. Netzwerke können grundsätzlich anhand dieser zweiten charakteristischen Eigenschaft unterschieden werden. Die Anzahl von Nachrichten, die einen Bus unterscheiden, variiert dabei zwischen 5 und annähernd 200.

4.2.3 Eigenschaft - Buslast - Nachrichtenlast

Das vierte charakteristische Klassifizierungsmerkmal ist die Nachrichtenlast. Grundsätzlich gibt die Buslast die Auslastung des Netzwerks an, jedoch wird für diese Netzwerkeigenschaft jede Nachricht mit ihrer Gesamtlänge inklusive Stuff-Bits und IFS über einen definierten Zeitraum auf die Baudrate bezogen. Die Ermittlung dieses Werts ist mit einem gewissen Rechenaufwand verbunden. Alternativ wird die Eigenschaft die Nachrichtenlast verwendet. Die exakte Bestimmung der Buslast ist in der Regel mit einem höheren Aufwand verbunden, da die Länge und der Inhalt der Nachrichten von entscheidender Bedeutung sind. Der hier angeführte Wert ist demgegenüber leichter zu bestimmen und daher als Näherungswert geeignet. In der Tabelle 4.4 sind die Netzwerke auf Basis der Frames per Second (FPS) zusammengefasst.

Die Netzwerke weisen eine Spanne von 55 bis 2070 Nachrichten pro Sekunde auf. Die große Standardabweichung vom Engine-CAN und Fahrzeuginnenraum-CAN sind sehr auffällig. Bei der Bestimmung von dieser Eigenschaft ist in manchen Messungen eine theoretische Buslast von 65535 Nachrichten pro Sekunde ausgegeben worden. Diese fehlerhaften Einträge beeinflussen die Berechnung der Abweichung. DDennoch lässt sich eine Aussage über die Klasse des Netzwerks auf Basis der Nachrichtenlast anhand des Mittelwerts und des Medians treffen.

Tabelle 4.4: Nachrichtenlast unterschiedlicher Netzwerke in Nachrichten pro Sekunde (F/s)

	Mittelwert	**Median**	**Abweichung**
Body-CAN	615,06	602,54	50,70
Diagnose-CAN	1121,45	1130,56	76,34
Dynamics-CAN	652,05	666,19	60,03
Antriebsstrang-CANFD	1054,46	1048,08	21,35
Antriebsstrangsensor-CAN	671,02	576,01	306,17
Engine-CAN	3271,97	2071,82	8897,95
Fahrzeuginnenraum-CAN	2477,63	1584,94	8471,32
Headunit-CAN	342,23	331,72	151,80
Inverter-CANFD	792,35	792,56	0,91
Telematik-CAN	55,32	55,32	0,01
Peripherie-CAN	1211,96	1603,79	797,51
Powertrain-CAN	1704,08	1949,56	404,48
Energiemanagement-CANFD	1013,22	1010,08	7,84

4.2.4 Identifikation geeigneter KI-Algorithmen

In diesem Abschnitt werden verschiedene Algorithmen zur Netzwerkidentifikation trainiert und hinsichtlich ihrer Zuverlässigkeit und Geschwindigkeit bewertet. Um die Qualität der Daten zu verbessern, werden Einträge, die nicht plausibel sind, aus der Datenbank entfernt. Dies umfasst sowohl Buslasten von 65535 Nachrichten pro Sekunde als auch Messungen, die aus einer einzigen Nachricht bestehen. Die bereinigten Daten werden in einen Trainings- und einen Validierungsdatensatz aufgeteilt. Dabei werden jeweils 10% der Datensätze für die Validierung verwendet.

Die grafische Darstellung der Korrelationen der charakteristischen Eigenschaften untereinander ist in den Abbildungen 4.11 und 4.12 dargestellt. Die Abbildung 4.11 zeigt den Zusammenhang zwischen der Anzahl unterschiedlicher Nachrichten-IDs und der Nachrichtenlast. Die einzelnen Klassen lassen sich in diesem Streudiagramm separieren, mit Ausnahme des Antriebsstrang-CANFD

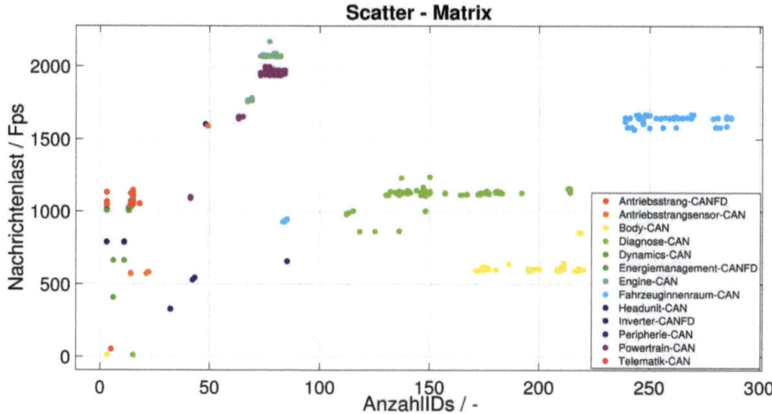

Abbildung 4.11: Streudiagramm Nachrichtenlast/Anzahl-ID

und des Energiemanagement-CANFD. Diese beiden Netzwerke sind in den Eigenschaften sehr ähnlich.

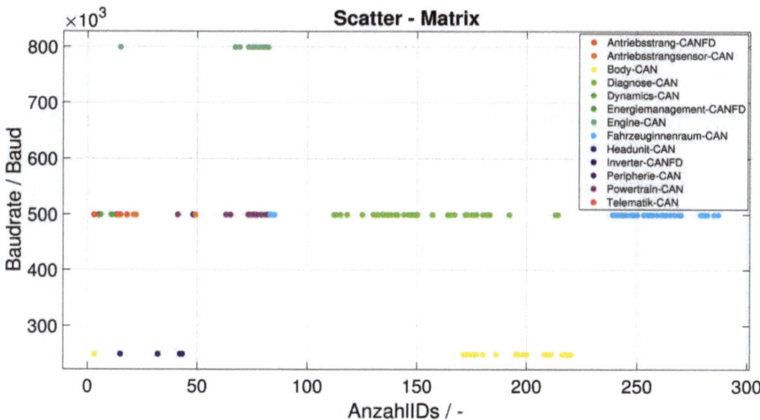

Abbildung 4.12: Streudiagramm Baudrate/Anzahl-ID

Das zweite Streudiagramm zeigt den Zusammenhang zwischen der Baudrate und der Anzahl unterschiedlicher IDs. In diesem Diagramm wird ersichtlich, dass bei geringen unterschiedlichen IDs und einer Baudrate von 500 $kBaud$

eine eindeutige Identifizierung schwieriger ist. Für die Trainingsphase der Algorithmen wird aus dem Datensatz eine umfassende Merkmalstabelle generiert, die alle vier charakteristischen Eigenschaften enthält. Für das Training wird zusätzlich die Klasseninformation angegeben, um eine eindeutige Zuordnung zu ermöglichen. Ein Auszug aus der Datenbank ist in Tabelle 4.5 dargestellt.

Tabelle 4.5: Merkmaltabelle der CAN-Netzwerke

Baudrate kBaud	**BaudrateFD kBaud**	**Buslast F/S**	**Anzahl IDs -**	**Class -**
...	...	...	...	...
800	0	1784,37	69	Engine-CAN
500	0	1006,36	115	Diagnose-CAN
250	0	330,33	32	Head-Unit-CAN
500	0	1624,47	50	Peripherie-CAN
500	0	1645,79	63	Powertrain-CAN
...	...	...	...	...

Für das Training und die Analyse wird das Tool Classification Learner von Matlab [8] verwendet. Mit dieser Software können verschiedene Algorithmen trainiert und hinsichtlich Kosten, Zuverlässigkeit und Geschwindigkeit analysiert werden. Im Rahmen der vorliegenden Untersuchung werden folgende KI-Algorithmen für den Einsatz zur Netzwerk-Identifikation analysiert:

- Fine Tree
- K-Nearest Neighbor
- Supported Vector Maschine

Im Folgenden werden alle drei Algorithmen trainiert, getestet und hinsichtlich ihrer Genauigkeit in der Trainings- und Validierungsphase, ihrer Trainingszeit und Geschwindigkeit analysiert.

Fine Tree Algorithmus

Der Fine Tree-Algorithmus ist ein Entscheidungsbaum des überwachten Lernens, der zur Klassifizierung genutzt wird. In diesem Verfahren wird ein verzweigtes System mit einer Gewichtung erstellt, dessen Ziel es ist, die korrekte Klassifizierung durchführen zu können. In Abbildung 4.13 ist der Entscheidungsbaum des trainierten Algorithmus dargestellt. Dabei werden Kriterien definiert, die zur Identifikation eines Netzwerkes genutzt werden. Eine wichtige Entscheidung betrifft die Art der Technologie, also die Unterscheidung zwischen einem Standard-CAN-Netzwerk und einem CAN-FD-Netzwerk. Auf der zweiten Ebene des Entscheidungsbaums sind zum einen die Anzahl der unterschiedlichen IDs bei Standard-CAN und zum anderen die Buslast bei einem CAN-FD-Netzwerk entscheidende Kriterien. Der gesamte Entscheidungsbaum umfasst acht Identifikationsebenen.

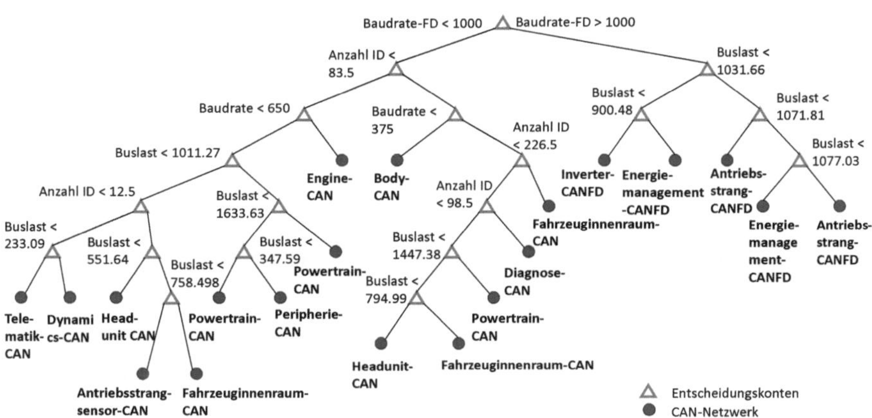

Abbildung 4.13: FineTree Entscheidungsbaum zur Identifikation des Netzwerks

Die Zuverlässigkeit der Methode wird in der Konfusionsmatrix dargestellt (siehe Abbildung 4.14). Die Abszisse zeigt die vorhergesagte Klasse und die Ordinate zeigt die wahre Klasse. Wenn die Werte auf der Hauptdiagonalen liegen, stimmt die Zuordnung des Netzes mit dem wahren Netzwerk überein. Wenn es jedoch

Abweichungen gibt, wie im Fall des prognostizierten Dynamics-CAN, der in Wirklichkeit ein Headunit-CAN ist, liegt eine falsche Zuordnung vor.

Model 1 (Fine Tree)

True Class \ Predicted Class	Antriebsstrang-CANFD	Antriebsstrangsensor-CAN	Body-CAN	Diagnose-CAN	Dynamics-CAN	Energiemanagement-CANFD	Engine-CAN	Fahrzeuginnenraum-CAN	Headunit-CAN	Inverter-CANFD	Peripherie-CAN	Powertrain-CAN	Telematik-CAN
Antriebsstrang-CANFD	282					2							
Antriebsstrangsensor-CAN		12									1		
Body-CAN			80										1
Diagnose-CAN				282					1				
Dynamics-CAN					18								2
Energiemanagement-CANFD	1					95							
Engine-CAN							102						
Fahrzeuginnenraum-CAN								120	1			1	
Headunit-CAN				1				1	5				
Inverter-CANFD										8			
Peripherie-CAN											3		1
Powertrain-CAN									1			132	
Telematik-CAN													3

Abbildung 4.14: Konfusionsmatrix des FineTree Alogrithmus

Dieser Algorithmus klassifiziert 14 Netzwerke falsch und erreicht in der Trainingsphase eine Trefferquote von 98,80%. In der Validierungsphase ist eine Genauigkeit von 99,2% erreicht worden. Der Algorithmus benötigt eine Trainingszeit von 2,28 Sekunden und gibt eine Erkennungsrate von etwa 48000 Objekten pro Sekunde an.

Fine K-Nearest Neighbor Algorithmus

Der K-Nearest Neighbor (KNN)-Algorithmus wird in der Literatur als ein guter Ausgangspunkt für die Datenanalyse empfohlen. Dabei werden Klassen gemeinsamer Zugehörigkeit gebildet. Wenn ein neuer Wert klassifiziert werden soll, wird der vektorielle Abstand zu k Klassen bestimmt. Dieser Wert entspricht der Klasse, zu der er am nächsten liegt. Ein KNN-Algorithmus zeichnet sich durch eine schnelle Trainingszeit aus. Allerdings ist der Rechenaufwand zur Klassifizierung neuer Werte höher, wodurch die Zeit bis zur Identifizierung länger wird. Der betrachtete KNN-Ansatz verwendet als Metrik die Euklidische Distanz.

Die Konfusionsmatrix für diesen Algorithmus ist in Abbildung 4.15 dargestellt. Bei der Trainingsphase des Algorithmus sind neun Netzwerke falsch klassifiziert worden und das Training dauerte 4, 08 Sekunden. Die Identifizierungsgeschwindigkeit beträgt etwa 5100 Objekte pro Sekunde. In der Validierungsphase zeigt dieser Algorithmus eine Genauigkeit von 99, 2%.

Model 2 (Fine KNN)

True Class \ Predicted Class	Antriebsstrang-CANFD	Antriebsstrangsensor-CAN	Body-CAN	Diagnose-CAN	Dynamics-CAN	Energiemanagement-CANFD	Engine-CAN	Fahrzeuginnenraum-CAN	Headunit-CAN	Inverter-CANFD	Peripherie-CAN	Powertrain-CAN	Telematik-CAN
Antriebsstrang-CANFD	284												
Antriebsstrangsensor-CAN		12									1		
Body-CAN			80						1				
Diagnose-CAN				282				1					
Dynamics-CAN		2			18								
Energiemanagement-CANFD	1					95							
Engine-CAN				1			101						
Fahrzeuginnenraum-CAN				1				121					
Headunit-CAN			1					1	5				
Inverter-CANFD										8			
Peripherie-CAN				1							3		
Powertrain-CAN				1								132	
Telematik-CAN													3

Abbildung 4.15: Konfusionsmatrix des KNN Algorithmus

Supported Vector Maschine

Dieser Algorithmus trennt die Klassen auf Basis von Hyperebenen, den sogenannten Trennebenen. Dabei wird versucht, eine möglichst große Fläche um die Klassen frei zu halten. Die Hyperebenen können zum Beispiel linear oder quadratisch sein. In diesem Fall wird eine quadratische Hyperebene verwendet. Die Konfusionsmatrix des Algorithmus ist in Abbildung 4.16 dargestellt.

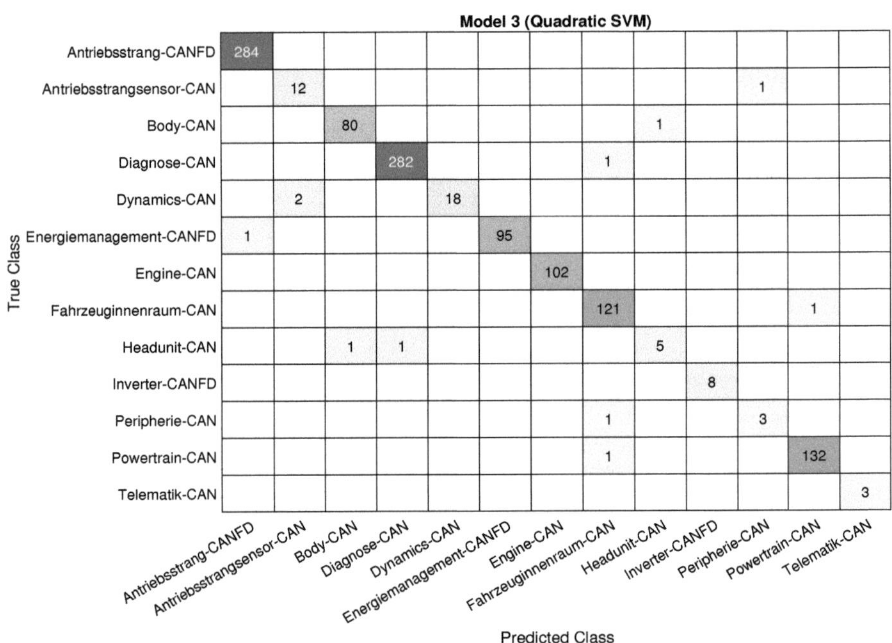

Model 3 (Quadratic SVM)

True Class \ Predicted Class	Antriebsstrang-CANFD	Antriebsstrangsensor-CAN	Body-CAN	Diagnose-CAN	Dynamics-CAN	Energiemanagement-CANFD	Engine-CAN	Fahrzeuginnenraum-CAN	Headunit-CAN	Inverter-CANFD	Peripherie-CAN	Powertrain-CAN	Telematik-CAN
Antriebsstrang-CANFD	284												
Antriebsstrangsensor-CAN		12									1		
Body-CAN			80						1				
Diagnose-CAN				282				1					
Dynamics-CAN		2			18								
Energiemanagement-CANFD	1					95							
Engine-CAN							102						
Fahrzeuginnenraum-CAN								121				1	
Headunit-CAN			1	1					5				
Inverter-CANFD										8			
Peripherie-CAN								1			3		
Powertrain-CAN								1				132	
Telematik-CAN													3

Abbildung 4.16: Konfusionsmatrix des des SVM-Aglorithmus

Mit diesem Algorithmus sind neun Netzwerke nicht korrekt identifiziert worden. Der Algorithmus benötigt 17,6 Sekunden für die Trainingsphase und kann etwa 2400 Objekte pro Sekunde identifizieren. Die Genauigkeit in der Validierung wird ebenfalls mit 99,2% angegeben.

4.3 Ergebnisse der Methode für die Identifikation von CAN-Netzwerken

In diesem Kapitel werden die Ergebnisse der Methode zur Erkennung und Identifikation eines unbekannten Netzwerks anhand eines CAN-FD-Netzwerks vorgestellt. Die entwickelte Methode basiert auf einem zweistufigen Verfahren. Im ersten Schritt wird das Protokoll erkannt und die Kommunikationsgeschwindigkeit des Netzwerks berechnet. Dabei ist es wichtig, die Pulsbreiten genau zu erfassen, um eine gute Datenbasis für die Erkennung der Baudrate zu gewährleisten. Durch die Anpassung der Klassenbreiten eines Histogramms wird eine Bewertungsgrundlage für die Mustererkennung geschaffen, anhand derer die Bestimmung der einzelnen Bitzustände ermöglicht wird. Mit dieser Information wird die Baudrate abhängig von dem Protokoll bestimmt. Durch die ermittelte Baudrate kann eine Verbindung zum Netzwerk hergestellt werden. Die Zuverlässigkeit der Erkennung hängt beim CAN und insbesondere beim CAN-FD von den gesendeten Daten ab. Bei einem CAN-FD ist für die Erkennung der Basisbaudrate im Wesentlichen die Nachrichten-ID ausschlaggebend. Daher wird die Erkennung dreimal wiederholt, um die Zuverlässigkeit der Erkennung eines signifikanten Bits zu erhöhen. Nachdem Nachrichten empfangen werden, ist der erste Schritt abgeschlossen.

In der zweiten Stufe wird das unbekannte Netzwerk identifiziert. Hierfür werden charakteristische Eigenschaften identifiziert, die einfach und schnell zu bestimmen sind. Eine Merkmalstabelle wird aus einer Datenbank von 1300 Messungen erstellt und für eine Trainings- und Validierungsphase getrennt. Verschiedene Algorithmen werden mit dem Matlab-Tool „Classification Learner“ trainiert und mit 10% der Daten validiert. Die Algorithmen erzielen ähnlich gute bis gleiche Ergebnisse in Bezug auf die Klassifikationsgenauigkeit. Eine Bewertungsmatrix der einzelnen Algorithmen ist in Tabelle 4.6 dargestellt.

Für die Aufgabe, Netzwerke zu identifizieren, erweist sich der Entscheidungsbaum als sehr gute Wahl. Alle Algorithmen haben eine sehr hohe Vorhersagegenauigkeit von 99,2%. Der Entscheidungsbaum ist jedoch der schnellste in der Trainingszeit und in der Klassifizierung neuer Objekte. Die Trainingskosten sind etwas höher als bei den beiden anderen Algorithmen.

Tabelle 4.6: Bewertung und Vergleich KI-Algorithmen

	Fine Tree	**Fine KNN**	**Quadratic SVM**
Genauigkeit	+	+	+
Trainingszeit	+	+	- -
Geschwindigkeit	+ +	+	o
Summe	4	3	0

5 Zuverlässigkeit der Methode für die Erkennung

In diesem Abschnitt wird die Zuverlässigkeit der Methode mit besonderem Augenmerk auf die Baudratenerkennung untersucht. Dafür wird die Wahrscheinlichkeit für das Auftreten spezieller Szenarien berechnet[21][28] [35] [63] [75].Wie zuvor im Kapitel 4 definiert, werden für diese Methode zwei Annahmen getroffen, die hier überprüft werden sollen.

- Erfassung eines singuläres Bit während der Pulsweitenerfassung.
- Erfassung von mindestens drei unterschiedliche Pulsweiten und somit drei unterschiedliche Bitzustände am Bus.

Dabei wird die theoretische Wahrscheinlichkeit bestimmt, dass diese Annahmen erfüllt sind. Hierfür werden die zwei Fälle betrachtet:

- Standard CAN mit dem kürzesten Frame, der gesendet werden kann
- CAN-FD mit einem Baudratenwechsel und einer Nutzdatenlänge von 3 Bytes

Im Rahmen der Untersuchung der Zuverlässigkeit der Erkennung erfolgt eine Messreihe an einem Prototypenfahrzeug, um die praktische Anwendbarkeit der theoretischen Erkenntnisse zu überprüfen.

5.1 Klassisches CAN-Netzwerk mit 11 Bits CAN-ID und RTR-Flag

Um die Wahrscheinlichkeit für das Auftreten der zwei Annahmen zu berechnen, wird das Worst-Case-Szenario betrachtet. Beim Standard-CAN handelt es sich um einen RTR-Frame mit einer 11-Bit-ID, der keine Nutzdaten enthält und da-

C. Seifert, *Methodik zur Erkennung und Identifizierung eines Netzwerks am Beispiel der CAN-Technologie*, Wissenschaftliche Reihe Fahrzeugtechnik Universität Stuttgart, https://doi.org/10.1007/978-3-658-47083-8_5

her um mindestens 64 Bits kürzer ist als ein Datenframe mit 8 Bytes Nutzdaten. Dabei wird ein CAN-Frame mit folgenden Eigenschaften betrachtet:

- Start of Frame = 0
- CAN-ID 11-bit – 0x01 - 0x7FF
- RTR = 1
- IDE = 0
- r0 = 0
- DLC = 0

Für die Bestimmung der Wahrscheinlichkeit die beiden Annahmen zu erfüllen wird ein Teil der CAN-Nachricht, bestehend aus SoF, ID, RTR, IDE,r0 sowie dem DLC nachgebaut. Somit ergeben sich 2^{11} Möglichkeiten. Im Anschluss werden die Stuffbits hinzugefügt und innerhalb der erzeugten binären Nachricht die Verteilung der Bitzustände analysiert. Anhand dieser Pulslängen kann die Wahrscheinlichkeitsverteilung der einzelnen Pulslängen über alle Möglichkeiten bestimmt werden. Die Wahrscheinlichkeit, einen Bitzustand zwischen 1 und 5 identischen Bits zu detektieren, ist in Abbildung 5.1(a) dargestellt.

Die Wahrscheinlichkeit, dass das nächste Bit ein signifikantes Bit ist, liegt somit bei 58,06%. Je höher die Anzahl der gleichen Bits ist, die nacheinander gesendet werden, desto geringer ist die Wahrscheinlichkeit, diese zu erfassen. Die Wahrscheinlichkeit fünf identische Bits hintereinander zu erfassen, liegt jedoch höher und bei 12,8%.

Alle Möglichkeiten der Nachrichten F bilden die Gesamtbasis A, anhand dieser können die Wahrscheinlichkeiten P für eine Nachricht ohne signifikantes Bit B sowie das Auftreten unterschiedlicher Pulslängen bestimmt werden. Die Auswertung der vorliegenden Datenmenge erlaubt die Berechnung der Wahrscheinlichkeit für das Auftreten einer Nachricht ohne signifikantes Bit nach der Gleichung Gl. 5.1 zu 100%.

$$P(B) = \frac{\sum_{ID=1}^{2^{11}} F(\neg B) \in (A)}{2^{11}} \qquad \text{Gl. 5.1}$$

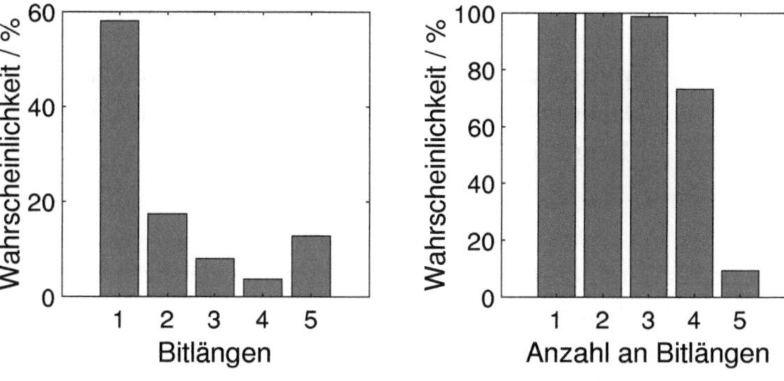

(a) Wahrscheinlichkeit der Bitverteilung (b) Wahrscheinlichkeit von unterschiedlichen Pulslängen

Abbildung 5.1: Bitverteilung und Wahrscheinlichkeit Bitfolgen für 11 bit ID

mit

P_B	Wahrscheinlichkeit für ein signifikantes Bit
B	signifikantes Bit
F	Nachricht
A	Menge aller möglicher Nachrichten-IDs

In jeder Nachricht ist mindestens ein signifikantes Bit enthalten. Aus der Menge A wird ebenso die Wahrscheinlichkeit bestimmt, unterschiedliche Pulslängen erfassen zu können. Die Abbildung 5.1(b) zeigt die Wahrscheinlichkeit P_{xbit} für die Erfassung von unterschiedlichen Pulslängen. Diese kann als Verhältnis von den Nachrichten mit mindestens 1-5 unterschiedlichen Pulsdauern zu allen möglichen Nachrichten berechnet werden, siehe Gl. 5.2.

$$P(B_{xbit}) = \frac{\sum_{ID=1}^{2^{11}} F(Anzahl\ x\ ver.\ Pulsdauern) \in (A)}{2^{11}} \qquad \text{Gl. 5.2}$$

mit

P_{xbit}	Wahrscheinlichkeit für x verschiedene Pulslängen
F	Nachricht (mit x unterschiedlichen Pulsdauern)
A	Menge aller möglicher Nachrichten-IDs

Es ist garantiert, dass mindestens ein und zwei unterschiedliche Pulslängen in jeder Nachricht erfasst werden. Die Wahrscheinlichkeit drei unterschiedliche Pulslängen zu erfassen liegt bei 98,83%. Vier Pulslängen werden mit einer Wahrscheinlichkeit von 73,18% und fünf mit 9,37% erfasst.

5.2 CAN-FD mit 11-bit ID und Baudratenwechsel mit drei Bytes Nutzdaten

Dieser Abschnitt behandelt das Protokoll vom CAN-FD und die Berechnung der Wahrscheinlichkeit, die jeweiligen Bitzustände und Bitfolgen in der Kommunikation zu erfassen. Bei CAN-FD können bis zu 10 verschiedene Bitlängen gemessen werden. Diese setzen sich aus fünf Bitzuständen der Arbitrierungsphase und fünf Bitlängen der Datenphase zusammen, die aufgrund des Baudratenwechsels entstehen. Beim CAN-FD gibt es keine Option einer RTR-Nachricht, somit wird von einem Worst-Case-Szenario mit einer sehr geringen Anzahl von Nutzdaten ausgegangen. In diesem Fall wird von 3 Datenbytes ausgegangen, bei dem ein Baudratenwechsel stattfindet. Für die Betrachtung wird ein CAN-FD-Frame mit folgenden Eigenschaften angenommen:

- CAN-ID 11-bit – 0x01 - 0x7FF
- Baudratenwechsel im Datenfeld
- mindestens 3 Bytes im Datenfeld

Im CAN-FD-Netzwerk wird die Nachricht in zwei Bereiche unterteilt: den Bereich mit der Basisbaudrate und den Bereich mit der Datenbaudrate. Wie im Kapitel 2.2.2 der Grundlagen des CAN-Protokolls beschrieben, wird die Arbitrierungsphase am Anfang jeder Nachricht und das Ende jedes Frames mit der Basisbaudrate übertragen. Das Steuerfeld, die Nutzdaten und die Prüfsumme werden mit der erhöhten Übertragungsrate gesendet. Die beiden Annahmen müssen in diesem Fall für beide Bereiche der Kommunikation erfüllt werden.

Für die Arbitrierungsphase ist der ungünstigste Fall eine 11-Bit ID. Die Wahrscheinlichkeit für diesen Bereich ist bereits zuvor bei dem Standard-CAN bestimmt worden und ist für das Protokoll des CAN-FD annähernd identisch. Für die Berechnung der Auftrittswahrscheinlichkeiten wird von 3 Bytes bzw. 24 Bits ausgegangen. Anhand dieser Annahme ergeben sich 16777216 Möglichkeiten, die im Anschluss wieder mit Stuffbits ergänzt werden. Der daraus resultierende Bitstrom wird auf die Wahrscheinlichkeit der Gesamtzusammensetzung der Bitlängen und die Kombination unterschiedlicher Bitfolgen analysiert. Die Berechnung der Wahrscheinlichkeiten erfolgen analog mit den Gl. 5.1 und Gl. 5.2. Die Abbildung 5.2(a) zeigt die Wahrscheinlichkeit des Auftretens einer bestimmten Bitlänge aus der gesamten Bitverteilung. Der Bitstrom von allen Nachrichten besteht zu 53,18% aus singulären Bits. Die Wahrscheinlichkeit eine Nachricht ohne einem signifikanten Bit zu erfassen liegt bei 0,12% bzw. bei 99,88% ein Zustand aus dominant-rezessiv-dominant oder invers dazu, zu erfassen.

In der zweiten Abbildung 5.2(b) wird die Wahrscheinlichkeit von der Erfassung unterschiedlicher Pulslängen dargestellt. Die zweite Annahme, mindestens drei verschiedene Bitlängen zu erkennen, beträgt 98,98%. Die Wahrscheinlichkeit für vier verschiedene Pulslängen zu messen liegt bei 76,84%.

5.3 Analyse der Zuverlässigkeit der Methode am Fahrzeug

Um die Zuverlässigkeit der Baudratenerkennung unter realen Bedingungen zu testen, wird die Erkennung des Netzwerks an einem realen Fahrzeug durchgeführt. Es wird ein Standard-Netzwerk und ein CAN-FD-Netzwerk getestet, um die Zuverlässigkeit der Protokollerkennung und Baudratenerkennung zu überprüfen. An dieser Stelle wird der Fokus nicht auf die Netzwerkidentifi-

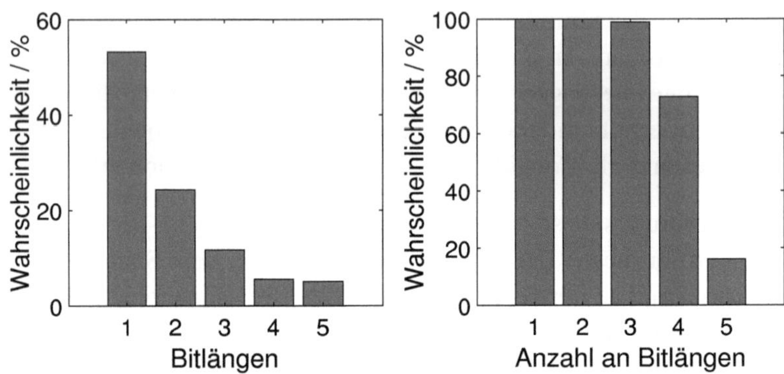

(a) Wahrscheinlichkeit der Bitverteilung (b) Wahrscheinlichkeit von unterschiedlichen Pulslängen

Abbildung 5.2: Bitverteilung und Wahrscheinlichkeit der Bitfolgen eines CAN-FD-Frames

zierung gelegt, da die Zuverlässigkeit bereits in Kapitel 4 zu 99,2% bestimmt wurde. Um eine statistische Aussagekraft zu erzielen, wird die Messung 100 Mal wiederholt und die Ergebnisse ausgewertet.

Zuverlässigkeit am Standard CAN eines Kraftfahrzeugs

Als Standard-CAN-Netzwerk wird ein Bussystem mit einer Baudrate von 500 $kBaud$ getestet, da dieses am häufigsten im Fahrzeug eingesetzt wird. Von 100 Messungen werden 100 mit einer Baudrate von 500 $kBaud$ korrekt erkannt. Somit liegt die Zuverlässigkeit bei 100%

CAN-FD

Als CAN-FD wird ein Netzwerk mit einer Baudrate von 500 $kBaud$ und 2000 $kBaud$ im Datenfeld getestet. Von 100 Messungen sind ebenso 100 mit einer Baudrate von 500 $kBaud$/2000 $kBaud$ korrekt erkannt worden.

5.4 Zwischenfazit der theoretischen Betrachtung der Annahmen

Zusammenfassend lässt sich aus der theoretischen Betrachtung, die beiden Annahmen bestätigen. Bei der Betrachtung des Worst-Case-Szenarios des Standard-CAN ist die erste Annahme, mindestens ein signifikantes Bit zu erfassen, bei 100%. Die zweite Annahme, mindestens drei unterschiedliche Pulslängen zu erfassen, liegt bei 98, 88%. Unter Berücksichtigung der Tatsache, dass auch Nutzdaten über das Standard-CAN-Netzwerk gesendet werden, ist die Wahrscheinlichkeit höher, dass beide Annahmen erfüllt werden. An dieser Stelle wird auch nicht auf das CRC-Feld mit 15 Bits und das Bestätigungsfeld eingegangen, was ebenfalls die Wahrscheinlichkeit erhöht, dass die Annahmen erfüllt werden.

Bei einem CAN-FD-Netzwerk muss bei einer Baudratenumschaltung zwischen zwei Bereichen unterschieden werden, der Arbitrierungsphase und der Datenphase. In beiden Bereichen müssen beide Annahmen erfüllt werden, um eine gültige Baudrate zu ermittlen. In der Arbitrierungsphase ist maßgeblich die Nachrichten-ID für die Wahrscheinlichkeit verantwortlich. Diese ist identisch der Bedingungen zum Worst-Case-Szenario des klassischen CAN-Netzwerks und daraus resultierend auch die Wahrscheinlichkeiten. Bei der Datenphase wird ab einer Nutzdatenmenge von drei Bytes die erste Annahme zu 99,88% erfüllt. Die Erfüllung der zweiten Bedingung liegt bei 98,98%.

Ausgehend vom Szenario, dass mindestens zwei von drei ermittelten Protokoll und Baudraten übereinstimmen müssen,kann anhand einem Baumdiagramm die Wahrscheinlichkeit für die Erfüllung bestimmt werden. Ausgehend von der geringsten Einzelwahrscheinlichkeit von 98,88%, kann somit die Wahrscheinlichkeit zu 99,95% bestimmt werden. Somit ist die Zuverlässigkeit für die Erfüllung der Annahmen bestätigt.

6 Zusammenfassung

Ein wesentliches Problem der frühen Prototypen von Kraftfahrzeugen ist die häufige Änderung der Messabgriffe von Kommunikationssystemen und deren Buszugriffen. Ohne das aktuelle Wissen über den Aufbau des Prototypenträgers kann keine Kommunikation mit einem Netzwerk hergestellt werden, wodurch es nicht möglich ist, eine Diagnose oder Analyse des Netzwerks durchzuführen. Eine falsche Zuordnung oder Parametrierung kann gravierenden Einfluss auf das Netzwerk und die Fehlersuche haben. Dieser Zustand kann ein Fahrzeug in den Notlauf versetzen und viele Fehlerspeichereinträge erzeugen. In solchen Fällen ist eine Analyse des ursprünglichen Fehlers deutlich erschwert oder sogar unmöglich. Wenn eine Kommunikation mit einem Netzwerk möglich ist und einzelne Nachrichten empfangen werden, können diese nicht in physikalische Größen oder Informationen interpretiert werden. Um die Kommunikation zu interpretieren, sind Netzwerkbeschreibungen, sogenannte DBC oder AR-XML, erforderlich. Diese Beschreibungen passen jedoch nur auf ein bestimmtes Netzwerk.

In der vorliegenden Arbeit wird eine neue Methode vorgestellt, mit der ein unbekanntes Netzwerk erkannt und identifiziert werden kann. Die Methode wird auf die Technologie des am häufigsten verwendeten Netzwerks, dem CAN-Netzwerk, im Fahrzeug angewendet und die Machbarkeit nachgewiesen.

Zusammenfassend handelt es sich bei dieser Methode um ein zweistufiges Verfahren zur Erkennung des unbekannten Netzwerks. Die Anforderungen an den ersten Schritt sind zum einen die Zuverlässigkeit der Erkennung der Baudrate und der Technologie. Die zweite Anforderung ist, keine Auswirkungen auf das Netzwerk zu verursachen und somit Einfluss auf das Netzwerk auszuüben. Diese Methode ist so definiert, dass keine Änderungen an der Hardware vorgenommen werden müssen. Dazu wird der Buszustand über eine definierte Anzahl von Zustandsänderungen analysiert und die Rohdaten dienen als Grundlage für die Erkennung. Mit Hilfe eines Histogramms werden die Daten zusammengefasst. Die Breiten des Histogramms werden in Abhängigkeit der auftretenden Maxima und Minima berechnet, um eine Trennung der Buszu-

C. Seifert, *Methodik zur Erkennung und Identifizierung eines Netzwerks am Beispiel der CAN-Technologie*, Wissenschaftliche Reihe Fahrzeugtechnik Universität Stuttgart, https://doi.org/10.1007/978-3-658-47083-8_6

stände zu erreichen. Diese gefilterten Daten werden auf Muster untersucht, um eine gültige Baudrate und ein Protokoll zu erhalten. Bei CAN-FD-Netzwerken muss zusätzlich die Baudrate im Datenfeld ermittelt werden. Diese kann bis zu 8 $MBaud$ betragen. Um dic Grenzen des Verfahrens zu bestimmen, wird zum einen der kritische Softwareteil analysiert und der Rechenbedarf für die Erfassung der Zustände auf dem Bus berechnet. Dabei kann eine Grenzfrequenz von 7500 kHz ermittelt werden. Ein Test dieser mit einem Frequenzgenerator zeigt, dass ab einer Frequenz von 6200 $kBaud$ einzelne Zustände nicht mehr detektiert werden können und was somit die tatsächliche Grenzfrequenz darstellt. Mit dieser Methode kann auch einer der häufigsten Fehler beim Aufbau eines Netzwerkes erkannt werden, ein nicht terminiertes Netzwerk. Des Weiteren besteht die Möglichkeit, die Baudrate und das Protokoll bei einem Netzwerk ohne zweiten Teilnehmer, der den Sendevorgang bestätigt, zu implementieren.

Dieser Teil der Methode basiert auf den zwei Annahmen:

- Erfassung eines signifikantem Bit während der Pulsweitenmessung.
- Erfassung von drei verschiedenen Pulsdauern und somit drei verschiedenen Bitzuständen.

Um diese beiden Annahmen zu überprüfen, wird zum einen die Verteilung aller möglichen übertragenen Bits für den Worst-Case berechnet. Diese hängt beim klassischen CAN im Wesentlichen von der gesendeten Nachrichten-ID ab. Diese Berechnung zeigt, dass zu $53,18\%$ das nächste Bit ein signifikantes Bit ist. Da in einer Nachricht nur eine ID verwendet wird, wird auch die Wahrscheinlichkeit bestimmt, mit der kein signifikantes Bit gesendet wird. Diese liegt bei 0% bzw. zu 100% wird dieses Symbol mindestens einmal gesendet. Die zweite Anforderung, drei verschiedene Symbole zu messen, kann mit einer Wahrscheinlichkeit von $98,88\%$ ermittelt werden. Bei einem CAN-FD-Netzwerk müssen zwei Baudraten bestimmt werden. In beiden Fällen müssen die oben genannten Annahmen erfüllt sein. Für die Bestimmung der Basisbaud-rate ist wie beim Standard-CAN, die ID der größte Einflussfaktor. Es gelten die oben genannten Wahrscheinlichkeiten. Für die Bestimmung der Häufigkeitswahrscheinlichkeit im Datenfeld wird von mindestens drei gesendeten Bytes ausgegangen. Die Wahrscheinlichkeit, eine Messung mit einem signifikanten

Bit zu erhalten, beträgt 99,88%. Die Wahrscheinlichkeit, drei verschiedene unterschiedliche Pulsdauern zu messen, liegt bei 98,98%.

Um die Zuverlässigkeit der Baudratenerkennung zu erhöhen, werden drei Wiederholungen durchgeführt und mindestens zwei müssen ein identisches Ergebnis liefert. Die Wahrscheinlichkeit dass zwei Ergebnisse identisch sind, kann zu 99,95% bestimmt werden. Ebenso wird die Anzahl der erfassten Buszustände so groß gewählt, dass mindestens ein CAN-FD-Frame mit einer Datenmenge von 64 Bytes aufgezeichnet und anschließend die Baudrate ermittelt werden kann. Im Anschluss erfolgt die Auswertung der drei Durchläufe.

Die zweite Stufe ist die Identifizierung des Netzwerks. Diese erfolgt mit Hilfe eines überwachten Lernens. Um Netzwerke identifizieren zu können, werden vier charakteristische Merkmale von CAN-Netzwerken identifiziert. Dies sind die Baudraten, das Protokoll, die Anzahl unterschiedlicher Nachrichten in einem Netzwerk und die Nachrichtenlast in Frames pro Sekunde. Diese Eigenschaften sind einfach und schnell zu erfassen und benötigen keine großen Berechnungen. Als Datenbasis werden 1300 CAN-Messungen verwendet, die in eine Merkmaltabelle überführt werden. Drei verschiedene Algorithmen sind antrainiert und evaluiert worden. Alle drei untersuchten Klassifikationsalgorithmen zeigen sehr gute Ergebnisse in der Genauigkeit. Jedoch weist der Entscheidungsbaum Vorteile in der Geschwindigkeit und Trainingszeit auf.

Die Voraussetzungen von der Verkabelung, der Netzwerkeinstellungen und der Validierung des Netzwerks sowie der Auswahl der Netzwerkbeschreibung, wie in der Abbildung 1.1 dargestellt, kann mit der neuen Methode auf einen vereinfachten Prozess reduziert werden. Dieser ist in der Abbildung 6.1 dargestellt. Der vereinfachte Prozess ist auf zwei Schritte reduziert, die Anwendung der dargelegten Methode, die die Kommunikation ermöglicht und eine Aussage über die Netzwerkzugehörigkeit ausgibt sowie der Anwendung der korrekten Netzwerkbeschreibung, um die Daten am Netzwerk lesen zu können.

Die dargelegte Methode stellt einen innovativen Ansatz zur Erkennung und Identifizierung von Netzwerken in Fahrzeugen dar. Eine Erkennung der Baudrate und des Protokolls erschafft einen Freiheitsgrad für E/E-Architekturen, um den Trend der serviceorientierte Entwicklung am und im Fahrzeug zu erweitern. Eine Erkennung von CAN-Baudraten auf Basis von Messungen ist bisher nicht

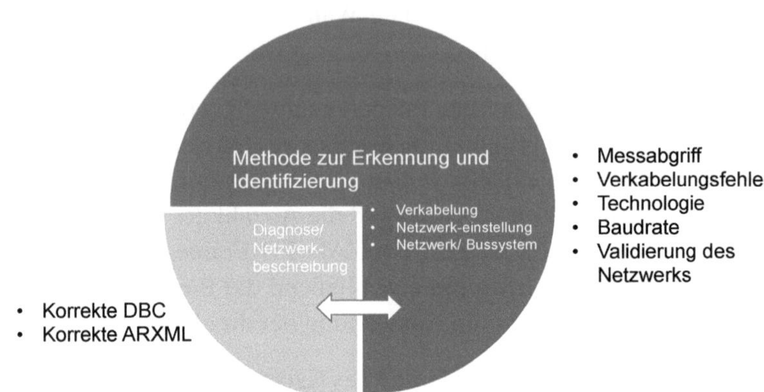

Abbildung 6.1: Vereinfachung des Prozesses mit der neuen Methode

möglich, sondern nur anhand eines Try&Error-Prinzips. Die Detektion von CAN-FD und in Zukunft von CAN-XL Netzwerken war bisher noch nicht möglich.

Die Netzwerkidentifizierung ermöglicht die Bestimmung der Netzwerkklasse. Im Vergleich zu diagnosebasierten Klassifizierungen oder der Identifizierung des Netzwerks anhand von Netzwerkbeschreibungen nutzt die Methode eine Datenbasis von CAN-Messungen. Dadurch kann aufgrund von Vorwissen eine Netzwerkklasse identifiziert werden. Die Kommunikation und Interpretation von Daten am Bussystem erfordert zwingend die Kenntnis korrekter Netzwerkbeschreibungen. Ein weiterer Vorteil dieser Methode besteht in der Reduzierung des erforderlichen Expertenwissens. So kann ein Teilnehmer ohne Kenntnis über den Aufbau und die Parametrierung des Netzwerks hinzugefügt werden. Damit reduziert sich die Komplexität von Messaufbauten in den frühen Entwicklungsstufen von Prototypenträgern.

6.1 Fazit

Die vorliegende Arbeit führt im Umfeld der Prototypenfahrzeuge ein neues Verfahren ein, um ohne Vorkenntnisse einen zusätzlichen Teilnehmer an einem CAN-Netzwerk hinzufügen zu können. Diese Methode kann ohne eine Änderung der Hardware die Kommunikationsgeschwindigkeit und das Protokoll auf Basis der Pulsbreiten bestimmen und eine Kommunikation ermöglichen. Die Anwendung dieses Verfahrens hat keinen Einfluss auf die bestehende Kommunikation der anderen Teilnehmer und führt nicht zu sogenannten Error-Frames. Um die Kommunikation im Netzwerk interpretieren zu können, kann mit dieser Methode das Netzwerk, auf Basis charakteristischer Eigenschaften, identifiziert werden. Die Kenntnis dieser Information ermöglicht die Verwendung der entsprechenden Netzwerkbeschreibung sowie die Umrechnung von Daten in korrekte physikalische Größen. In mehreren mathematischen Betrachtungsfällen sowie in Praxistests ist die Zuverlässigkeit und die Reproduzierbarkeit dieser Methode umfangreich getestet und bestätigt worden. Damit ist ein schlüssiges Verfahren für den Einsatz in der Fahrzeugdiagnose und Fahrzeugnetzwerkarchitektur etabliert worden.

6.2 Ausblick

Aus wissenschaftlicher Sicht ergeben sich auf Basis dieser Arbeit weitere Fragestellungen hinsichtlich der Übertragbarkeit auf andere Netzwerke. Diese Netzwerke können Automotive Ethernet, FlexRay oder auch drahtlose Netzwerke wie WLAN sein. Diese benötigen keine Erkennung der Baudrate, jedoch eine Identifikation des Netzwerkes im Sinne der vorgestellten Methode. Dabei müssen die charakteristischen Eigenschaften analysiert werden, um die Basis für die Identifikation zu schaffen. In diesem Fall muss die Erkennung und Klassifizierung trainiert werden. Diese Arbeit kann auch als Grundlage für die detaillierte VNA-Erkennung eines Netzwerks, mit dem Ansatz der diagnosebasierten Erkennung, verwendet werden.

Die Erkenntnisse aus dieser Arbeit bieten einen neuen Freiheitsgrad, um Netzwerke in Zukunft flexibler gestalten zu können. Mit der Erkennung der Baudrate können Netzwerke bei jedem Start neu parametriert werden um auf höhere Datenlast zu reagieren. Ebenso sind neue Netzwerkarchitekturen denkbar, die die Kommunikation als Service anbieten und mehr Freiheiten bieten. Dazu gibt es ein Konzept für eine flexible CAN-Architektur.[20].

Literaturverzeichnis

[1] *IEEE Standard for Ethernet - Amendment 5: Physical Layer Specifications and Management Parameters for 10 Mb/s Operation and Associated Power Delivery over a Single Balanced Pair of Conductors*. Piscataway, NJ, USA: IEEE

[2] *ISO 17458-1: Straßenfahrzeuge - FlexRay Kommunikationssystem - Teil 1: Allgemeine Informationen und Anwendungsdefinitionen*. Bd. 43.040.15. 02 2013

[3] *ISO 17458-2: Straßenfahrzeuge - FlexRay Kommunikationssystem - Teil 2: Spezifikation der Verbindungsschicht*. Bd. 43.040.15. 02 2013

[4] *ISO 17458-3: Straßenfahrzeuge - FlexRay Kommunikationssystem - Teil 3: Konformitätsprüfungen der Verbindungsschicht*. Bd. 43.040.15. 02 2013

[5] *ISO 17458-4: Straßenfahrzeuge - FlexRay Kommunikationssystem - Teil 4: Spezifikation der elektrischen physikalischen Schicht*. Bd. 43.040.15. 02 2013

[6] *ISO 17458-5: Straßenfahrzeuge - FlexRay Kommunikationssystem - Teil 5: Konformitätsprüfungen der elektrischen physikalischen Schicht*. Bd. 43.040.15. 02 2013

[7] *CAN in Automation (CiA): Controller Area Network Extra Long (CAN XL)*. URL `https://www.can-cia.org/can-knowledge/can/can-xl/`. – Zugriffsdatum: 03.07.2023, 03.07.2023

[8] *Train Classification Models in Classification Learner App - MATLAB & Simulink - MathWorks Deutschland*. URL `https://de.mathworks.com/help/stats/train-classification-models-in-classification-learner-app.html`. – Zugriffsdatum: 11.03.2024, 11.03.2024

C. Seifert, *Methodik zur Erkennung und Identifizierung eines Netzwerks am Beispiel der CAN-Technologie*, Wissenschaftliche Reihe Fahrzeugtechnik Universität Stuttgart, https://doi.org/10.1007/978-3-658-47083-8

[9] *Zonensteuergerät.* URL https://www.bosch-mobility.com/de/loesungen/steuergeraete/zonensteuergeraet/. – Zugriffsdatum: 22.04.2024, 15.04.2024

[10] *Batterien, Bordnetze und Vernetzung.* Vieweg+Teubner, 2010. – ISBN 978-3-8348-1310-7

[11] *Introducing CAN XL into CAN Networks.* URL https://can-cia.org/fileadmin/resources/documents/proceedings/2020_hartwich.pdf, 2015

[12] *CAN XL: Serial protocol decoding | PicoScope A to Z.* URL https://www.picotech.com/library/oscilloscopes/can-xl-serial-protocol-decoding. – Zugriffsdatum: 26.11.2023, 26.11.2023

[13] *CAN in Automation (CiA): CAN FD - The basic idea.* URL https://www.can-cia.org/can-knowledge/can/can-fd/. – Zugriffsdatum: 28.06.2023, 28.06.2023

[14] Abdel-Karim, Benjamin M. (Hrsg.): *Data Science: Best Practices mit Python.* Wiesbaden and Heidelberg: Springer Vieweg, 2022. – URL http://www.springer.com/. – ISBN 978-3-658-33459-8

[15] Bischoff, Manon (Hrsg.): *Künstliche Intelligenz: Vom Schachspieler zur Superintelligenz?* Berlin and Heidelberg: Springer Spektrum, 2022 (Sachbuch). – URL http://www.springer.com/. – ISBN 978-3-662-62491-3

[16] Boeck, Erich: *Lehrgang Elektrotechnik und Elektronik: Theoretische Grundlagen der Elektrotechnik und Elektronik mit ihren Anwendungen zur Analyse elektrotechnischer Prozesse : mit Übungsaufgaben und Lösungen.* 2., ergänzte und korrigierte Auflage. Wiesbaden and Heidelberg: Springer Vieweg, 2022 (Lehrbuch). – ISBN 978-3-658-36955-2

[17] Borgeest, Kai: *Elektronik in der Fahrzeugtechnik: Hardware, Software, Systeme und Projektmanagement.* 4., aktualisierte und erweiterte Auflage. Wiesbaden and Heidelberg: Springer Vieweg, 2021 (ATZ/MTZ-Fachbuch). – ISBN 978-3-658-23664-9

[18] Brendan Morris, Redaktion: Irina Hübner: *Die Schlüsselfaktoren im Überblick: Fortschrittliche E/E-Architekturen smart entwickeln.* URL https://www.elektroniknet.de/automotive/fortschrittliche-e-e-architekturen-smart-entwickeln.190862.html. – Zugriffsdatum: 6/9/2023, 2021

[19] Brunner, Stefan; Roder, Jurgen; Kucera, Markus; Waas, Thomas: Automotive E/E-architecture enhancements by usage of ethernet TSN, S.9–13

[20] Christoph Seifert: Konzept einer flexiblen CAN-Architektur. In: Graz, WKM S. (Hrsg.): *Konzept einer flexiblen CAN-Archetektur.* Graz, 2022

[21] Cramer, Erhard; Kamps, Udo: *Grundlagen der Wahrscheinlichkeitsrechnung und Statistik: Eine Einführung für Studierende der Informatik, der Ingenieur- und Wirtschaftswissenschaften.* 5., erweiterte und korrigierte Auflage. Berlin and Heidelberg: Springer Spektrum, 2020 (Lehrbuch). – ISBN 978-3-662-60551-6

[22] Damian, Borth; Eyke, Hüllermeier; Göran, Kauermann; Gillhuber, Andreas (Hrsg.); Kauermann, Göran (Hrsg.); Hauner, Wolfgang (Hrsg.): *Maschinelles Lernen.* Berlin and Heidelberg: Springer Spektrum, 2023. – 19–49 S. – URL https://link.springer.com/chapter/10.1007/978-3-662-66278-6_4. – ISBN 978-3-662-66278-6

[23] DMC Engineering GmbH & Co KG: *Intelligentes Fahrzeug-Bordnetz - DMC Engineering GmbH & Co KG.* URL https://dmc-engineering.de/projekte/forschungsprojekte/intelligentes-fahrzeug-bordnetz/. – Zugriffsdatum: 6/9/2023, 7/7/2021

[24] Donovan Porter; Texas Instruments (Hrsg.): *100BASE-T1 Ethernet: the evolution of automotive networking.* Dallas, 2018. – URL https://www.ti.com/lit/wp/szzy009/szzy009.pdf?ts=1701898418431&ref_url=https%253A%252F%252Fwww.google.com%252F. – Zugriffsdatum: 6.12.2023

[25] Elahi, Ata; Cushman, Alex: *Computer Networks: Data Communications, Internet and Security*. 1st ed. 2024. Cham: Springer International Publishing and Imprint Springer, 2024. – ISBN 9783031420184

[26] Ertel, Wolfgang: *Grundkurs Künstliche Intelligenz: Eine praxisorientierte Einführung*. 5. Auflage. Wiesbaden and Heidelberg: Springer Vieweg, 2021 (Lehrbuch). – ISBN 978-3-658-32074-4

[27] Etschberger, Konrad (Hrsg.): *CAN: Controller-Area-Network ; Grundlagen, Protokolle, Bausteine, Anwendungen ; mit 15 Tabellen*. München and Wien: Hanser, 1994. – ISBN 978-3446175969

[28] Fahrmeir, Ludwig; Heumann, Christian; Künstler, Rita; Pigeot, Iris ; Tutz, Gerhard: *Statistik: Der Weg zur Datenanalyse*. 8., überarbeitete und ergänzte Auflage. Berlin and Heidelberg: Springer Spektrum, 2016 (Springer-Lehrbuch). – URL `http://www.springer.com/`. – ISBN 978-3-662-50371-3

[29] Florian Hartwich, Armin B.: The Configuration of the CAN Bit Timing, S. 2nd to 4th November, Turin (Italy)

[30] Florian Hartwich, Robert B.; Robert Bosch GmbH (Hrsg.): *Introducing CAN XL into CAN Networks*. 2020

[31] Franz Hubik, Stefan M.: *Volkswagen, Mercedes & Co.: So beschleunigen die Autohersteller die Entwicklung neuer Modelle*. URL `https://www.handelsblatt.com/unternehmen/industrie/volkswagen-mercedes-und-co-so-beschleunigen-die-autohersteller-die-entwicklung-neuer-modelle/28268396.html`. – Zugriffsdatum: 28.02.2024, 2022

[32] Gillhuber, Andreas (Hrsg.); Kauermann, Göran (Hrsg.); Hauner, Wolfgang (Hrsg.): *Künstliche Intelligenz und Data Science in Theorie und Praxis: Von Algorithmen und Methoden zur praktischen Umsetzung in Unternehmen*. Berlin and Heidelberg: Springer Spektrum, 2023. – ISBN 978-3-662-66278-6

[33] Gliwa, Peter: *Embedded software timing: Methodik, Analyse und Praxistipps am Beispiel Automotive.* Wiesbaden and Heidelberg: Springer Vieweg, 2021. – ISBN 978-3-658-26480-2

[34] Grzemba, Andreas (Hrsg.): *MOST: The automotive multimedia network ; from MOST25 to MOST150.* 2. ed. Poing: Franzis, 2011 (Electronics library). – ISBN 978-3-645-65061-8

[35] Hennecke, Manfred (Hrsg.); Skrotzki, Birgit (Hrsg.): *Hütte.* 35. Auflage. Berlin and Heidelberg: Springer Vieweg, 2022 (Springer Reference Technik). – ISBN 978-3-662-64368-6

[36] Hering, Ekbert (Hrsg.); Endres, Julian (Hrsg.); Gutekunst, Jürgen (Hrsg.): *Elektronik für Ingenieure und Naturwissenschaftler.* 8. Auflage. Berlin and Heidelberg: Springer Vieweg, 2021. – ISBN 978-3-662-62698-6

[37] Hoffmann, Rüdiger ; Wolff, Matthias: *Intelligente Signalverarbeitung / Rüdiger Hoffmann Matthias Wolff.* Bd. 1: *Signalanalyse.* 2. Aufl. Berlin: Springer Vieweg, 2014. – ISBN 978-3-662-45323-0

[38] ISO: *ISO11898-4: Road vehicles — Controller area network (CAN).* Switzerland, 2004

[39] ISO: *ISO11898-3: Road vehicles — Controller area network (CAN).* Switzerland, 2006

[40] ISO: *ISO 17987-1:2016: Road vehicles - Local Interconnect Network (LIN).* Bd. 43.040.15. Switzerland, 2015

[41] ISO: *ISO11898-1: Road vehicles — Controller area network (CAN).* Bd. 43.040.15. Switzerland, 2015

[42] ISO: *ISO 17987-2:2016: Road vehicles - Local Interconnect Network (LIN).* Switzerland, 2016

[43] ISO: *ISO 17987-3:2016: Road vehicles - Local Interconnect Network (LIN).* Switzerland, 2016

[44] ISO: *ISO11898-2: Road vehicles — Controller area network (CAN).* Switzerland, 2016

[45] Jung, Alexander: *Maschinelles Lernen: Die Grundlagen.* 1. Aufl. 2024. Singapore: Springer Verlag Singapore, 2024. – ISBN 978-981-99-7971-4

[46] Lutchen, Ralf T.: *Optimierung der Fahrzeugdiagnose durch eine cloudbasierte Methode zur Identifikation der Datennetze mit künstlicher Intelligenz.* Wiesbaden: Springer, 2023 (Wissenschaftliche Reihe Fahrzeugtechnik Universität Stuttgart). – URL `https://link.springer.com/978-3-658-43112-9`. – ISBN 978-3-658-43113-6

[47] Matzka, Stephan: *Künstliche Intelligenz in den Ingenieurwissenschaften.* Wiesbaden: Springer Fachmedien Wiesbaden, 2021. – ISBN 978-3-658-34640-9

[48] Mertins, Alfred: *Signaltheorie: Grundlagen der Signalbeschreibung, Filterbänke, Wavelets, Zeit-Frequenz-Analyse, Parameter- und Signalschätzung.* 5. Auflage. Wiesbaden and Heidelberg: Springer Vieweg, 2023. – URL `https://link.springer.com/978-3-658-41528-0`. – ISBN 978-3-658-41529-7

[49] Mirfendreski, Aras: *Künstliche Intelligenz für die Entwicklung von Antrieben.* Berlin, Heidelberg: Springer Berlin Heidelberg, 2022. – ISBN 978-3-662-63494-3

[50] Nicolas Stapf: *Implementierung eines KI-Algorithmus für die Klassifizierung eines Bussystems anhand charakteristischer Eigenschaften.* Stuttgart, Universität Stutgart, Studienarbeit, 2022

[51] Ohlsen, Jörg: Das softwaredefinierte Fahrzeug überrennt die Automobilindustrie. In: *ATZelektronik* 17 (2022), Nr. 6, S. 58. – URL `https://link.springer.com/article/10.1007/s35658-022-0777-1`. – ISSN 1862-1791

[52] Ohm, Jens-Rainer ; Lüke, Hans D.: *Signalübertragung: Grundlagen der digitalen und analogen Nachrichtenübertragungssysteme.* 11., neu bearbeitete und erweiterte Auflage. Berlin and Heidelberg and Dordrecht and London and New York: Springer, 2010 (Springer-Lehrbuch). – ISBN 978-3-642-10200-4

[53] Ohm, Jens-Rainer; Lüke, Hans D.: *Signalübertragung: Grundlagen der digitalen und analogen Nachrichtenübertragungssysteme*. 12., aktualisierte Aufl. 2014. Berlin, Heidelberg: Springer Berlin Heidelberg, 2014 (Springer-Lehrbuch). – URL http://nbn-resolving.org/urn:nbn:de:bsz:31-epflicht-1559834. – ISBN 9783642539015

[54] Pico Technology: *PicoScope 7 T&M*. URL https://www.picotech.com/products/picoscope-7-software, 2023

[55] Pischinger, Stefan: *Vieweg Handbuch Kraftfahrzeugtechnik*. 9th ed. Wiesbaden: Springer Vieweg. in Springer Fachmedien Wiesbaden GmbH, 2021 (ATZ/MTZ-Fachbuch Series). – URL https://ebookcentral.proquest.com/lib/kxp/detail.action?docID=6640077. – ISBN 9783658255572

[56] Prof. Dr.-Ing. H.-C. Reuss: *Datennetze im Kraftfahrzeug*. Lehrstuhl Kraftfahrzeugmechatronik, 2022/23

[57] Rausch, Mathias: *Kommunikationssysteme im Automobil: LIN, CAN, CAN FD, CAN XL, FlexRay, Automotive Ethernet*. München: Hanser, 2022. – ISBN 9783446470354

[58] Reif, Konrad: Architektur elektronischer Systeme. In: *Batterien, Bordnetze und Vernetzung*. Vieweg+Teubner, 2010, S. 208–219. – URL https://link.springer.com/chapter/10.1007/978-3-8348-9713-8_8. – ISBN 978-3-8348-1310-7

[59] Reif, Konrad: *Automobilelektronik: Eine Einführung für Ingenieure*. 5., überarb. Aufl. 2014. Wiesbaden: Springer Vieweg, 2014 (SpringerLink Bücher). – ISBN 9783658050481

[60] Robert Bosch GmbH; Robert Bosch GmbH (Hrsg.): *CAN XL – CAN XL THE NEXT STEP IN CAN EVOLUTION*. URL https://www.bosch-semiconductors.com/media/ip_modules/pdf_2/can_xl_1/20230717_can_xl_overview.pdf, 2022

[61] Robert Bosch GmbH: *CAN XL COMPARISONS*. 2022

[62] Rosenzweig, Christian: Fehlerwahrscheinlichkeit bei Software. In: *Johner Institut GmbH* (10/4/2023). – URL https://www.johner-institut.de/blog/iec-62304-medizinische-software/fehlerwahrscheinlichkeit-bei-software/. – Zugriffsdatum: 6/8/2023

[63] Schmid, Harald (Hrsg.): *Mathematik für Ingenieurwissenschaften: Vertiefung: Von Funktionen mehrerer Variablen über Differentialgleichungen bis zur Stochastik*. 2. Auflage. Berlin and Heidelberg: Springer Spektrum, 2022 (Lehrbuch). – ISBN 978-3-662-65526-9

[64] Sebastian Raymund: *Auswahl und Implementierung eines digitalen Filters zur Signalanalyse*. Stuttgart, Universität Stutgart, Masterarbeit, 14.10.2022

[65] Society of Automotive Engineers - SAE: *J2411: Single Wire CAN Network for Vehicle Applications*

[66] Steffen Rudert und Jens Trumpfheller; Porsche Engineering-Magazin (Hrsg.): *Vollumfänglich durchdacht: Der Produktentstehungsprozess*. URL https://www.porscheengineering.com/filestore/download/peg/de/pemagazin-01-2015-artikel-01/default/8664198c-bdd1-11e5-8bd4-0019999cd470/Der-Produktentstehungsprozess-Grundlage-f%C3%BCr-den-Erfolg-eines-Produktes-Porsche-Engineering-Magazin-01-2015.pdf, 2015

[67] Texas Instruments; Texas Instruments (Hrsg.): *Introduction to the Controller Area Network (CAN)*. 2002

[68] Texas Instruments Incorporated (Hrsg.): *Introduction to the Controller Area Network (CAN): Application Report*. 2016

[69] Unger, Herwig (Hrsg.) ; Schaible, Marcel (Hrsg.): *Echtzeit 2021: Echtzeitkommunikation : Fachtagung des gemeinsamen Fachausschusses Echtzeitsysteme von Gesellschaft für Informatik e.V. (GI), VDI/VDE-Gesellschaft für Mess- und Automatisierungstechnik (GMA) und Informationstechnischer Gesellschaft im VDE (ITG), Boppard, 21. und 22. November 2020.*

Wiesbaden and Heidelberg: Springer Vieweg, 2022 (Informatik aktuell). – URL `http://www.springer.com/`. – ISBN 978-3-658-37751-9

[70] Vector Informatik GmbH: *CAN XL Compatibility*. 2020

[71] Vector Informatik GmbH: *CANoe*. 2023

[72] Werner, Martin: *Digitale Bildverarbeitung: Grundkurs mit neuronalen Netzen und MATLAB®-Praktikum*. Wiesbaden: Springer Vieweg, 2021 (Lehrbuch). – ISBN 978-3-658-22185-0

[73] Winkelhake, Uwe: *Die digitale Transformation der Automobilindustrie: Treiber - Roadmap - Praxis*. 2. vollständig überarbeitete Auflage. Berlin and Heidelberg: Springer Vieweg, 2021. – ISBN 978-3-662-62101-1

[74] Wolf, Fabian: *Fahrzeuginformatik: Eine Einführung in die Software- und Elektronikentwicklung aus der Praxis der Automobilindustrie*. Wiesbaden: Springer Vieweg, 2018 (SpringerLink Bücher). – ISBN 978-3-658-21223-0

[75] Zeidler, Eberhard (Hrsg.): *Springer-Taschenbuch der Mathematik*. 3., neu bearb. und erw. Aufl. Wiesbaden: Springer Spektrum, 2013. – ISBN 978-3-8351-0123-4

[76] Zimmermann, Werner; Schmidgall, Ralf: *Bussysteme in der Fahrzeugtechnik: Protokolle, Standards und Softwarearchitektur*. 5., aktualisierte und erweiterte Auflage. Wiesbaden: Springer Vieweg, 2014 (ATZ/MTZ-Fachbuch). – URL `https://ebookcentral.proquest.com/lib/kxp/detail.action?docID=1783365`. – ISBN 9783658024192

Glossar

Automotiv Ethernet — Automotiv Ethernet ist eines der neueren Bussysteme im Fahrzeug. Dieses Netzwerk basiert auf Ethernet und wird als Point-to-Point Netzwerk verwendet. Die Kommunikation findet auf einem ungeschirmten, verdrillten Adernpaar statt und kann eine Datenrate bis zu 1Gbit/s ermöglichen.

Baudrate — Die Baudrate gibt die Anzahl an Symbole pro Sekunde an, die gesendet werden können. Ein Symbol ist die kleinste zu übertragende Einheit in einem Netzwerk.

Buslast — Die Buslast gibt Auskunft über die Auslastung in % des Netzwerks. Bei CAN-Netzwerken hat jedes Bit, das gesendet wird, Einfluss auf die Buslast. Darin sind ebenso Stuff-Bits enthalten

CAN — Ein Bussystem, welches das bevorzugt in Kraftfahrzeugen eingesetzt wird, um eine Kommunikation zu ermöglichen. Es ist ein Multi-Mastersystem, mit einer Zugriffsverfahren der Kollisionsvermeidung.

CAN-FD — CAN-FD ist eine Weiterentwicklung des CAN-Protokolles um eine höhere Anzahl an Nutzdaten zu übermitteln. Diese können bis zu 64 Byte in gewissen Stufen erhöht werden. Ebenso kann die Baudrate im Datenfeld bis zum 8-fachen der Basisbaudrate erhöht werden.

CAN-XL — CAN-XL ist das neuste Protokoll des CAN. Bei diesem können bis zu 2048 Byte in einer Nachricht verschickt werden. Dieses Netzwerk unterstüzt auch höhere Baudraten, wie beim CAN-FD. Es besteht die Möglichkeit Ethernet-Botschaften in dieses Protokoll zu integrieren.

CANoe — Eine Software von der Firma Vector Informatik GmbH zur Überwachung, Aufbau oder Buszugriffs eines CAN Netzwerks.

C. Seifert, *Methodik zur Erkennung und Identifizierung eines Netzwerks am Beispiel der CAN-Technologie*, Wissenschaftliche Reihe Fahrzeugtechnik Universität Stuttgart, https://doi.org/10.1007/978-3-658-47083-8

Charakteristische Eigenschaften	Für die Identifizierung eines Netzwerks werden charakteristische Eigenschaften herangezogen. Bei einem CAN-Netzwerk sind es die einfach zu bestimmenden Parameter wie Baudrate, Protokoll, Anzahl der unterschiedlichen IDs und Nachrichtenlast.
FlexRay	Dieses Bussystem ist für harte Echtzeitanforderungen in Fahrzeugen entwickelt worden, um ein determistisches Sendeverhalten im Netzwerk realisieren zu können. Dies wird z.B. für Anwendungen bei elektrischer Lenkung (Steer-by-Wire) notwendig.
Frame	Als Frame wird eine Nachricht im Netzwerk bezeichnet, die bestimmten Regeln der Kommunikation einhalten muss.
LIN	Dieses Bussystem ist ein Master/Slave Netzwerk, bei den ein Knoten das gesamte Netzwerk steuert. Es ist ein Ein-Draht-Bus und sehr kostengünstig.
MATLAB	Eine Software der Firma MathWorks. Diese Software wird zur Entwicklung und zur Simulation unterschiedlicher Systeme verwendet.
Signifikantes Bit	Als signifikantes Bit wird in der vorliegendne Arbeit eine Bitfolge von dominant-rezessiv-dominant oder invers als rezessiv-dominant-rezessiv betrachtet. Diese Information entspricht einem Symbol und somit der Baudrate bei einem CAN-Netzwerk.
Stuff-Bit	Stuff-Bits sind erzwungene Pegelwechel im CAN-Protokoll, die nach fünf identischen Zuständen hinzugefügt werden müssen, um eine Synchronisation im Netzwerk zu gewährleisten.

Anhang

A. Analyse des Bittimings eines CAN-Netzwerks

A.1 DeepMeasure-Analyse eines CAN-Frames

Ergebnisse der DeepMeasurment Auswertung eines CAN Frames

Zyklusnr	Taktzeit / µs	Frequenz / kHz	Tastverhältnis (hoch)
1	8,00	125,00	24,46
2	4,00	250,06	48,92
3	6,00	166,64	32,61
4	12,00	83,34	16,30
5	4,00	249,99	48,91
6	12,00	83,33	49,63
7	4,00	249,95	48,91
8	8,00	125,00	49,46
9	10,00	100,00	79,57
10	16,00	62,50	62,23
11	6,00	166,67	65,96
12	12,00	83,33	16,31
13	6,00	166,68	32,61
14	8,00	124,98	24,45
15	6,00	166,71	65,95
16	14,00	71,42	71,11
17	8,00	125,00	74,47
18	14,00	71,43	28,27
19	10,00	100,00	79,57
20	4,00	250,04	48,92
21	8,00	124,99	24,45
22	10,00	100,00	19,57
23	4,00	250,04	48,93
24	10,00	100,00	79,57

C. Seifert, *Methodik zur Erkennung und Identifizierung eines Netzwerks am Beispiel der CAN-Technologie*, Wissenschaftliche Reihe Fahrzeugtechnik Universität Stuttgart, https://doi.org/10.1007/978-3-658-47083-8

A.2 FFT-Analyse eines CAN-Frames

Ergebnisse der FFT-Analyse eines CAN-Frames

Anteil / dB	Frequenz / kHz
-18,79	89,37
-30,40	110,63
-23,98	122,07
-22,48	139,51
-19,22	153,68
-29,19	167,30
-22,91	180,38
-28,91	197,27
-27,57	207,63
-20,25	219,62
-26,20	244,14
-26,40	256,13
-22,61	280,65
-30,87	292,64
-33,06	303,00
-27,79	319,89
-34,61	332,97
-26,26	346,59
-30,82	360,76
-33,50	378,20
-40,87	389,64
-32,01	411,44
-40,37	427,79
-39,23	447,41
-41,69	463,76
-44,96	475,20
-50,29	487,19
-43,49	500,82
-47,09	512,26
-47,29	523,16
-43,51	535,15
-41,10	552,04

B. Analyse des Bittimings eines CAN-FD-Netzwerks

B.1 DeepMeasure-Analyse eines CAN-FD-Frames

Ergebnisse der DeepMeasurment Auswertung eines CAN-FD Frames

Tabelle B.1: Deep Measurment CAN-FD Frame

Zyklusnr	Taktzeit / µs	Frequenz / kHz	Tastverhältnis (hoch)
1	14,00	71,43	28,28
2	4,00	249,97	48,96
3	12,00	83,33	16,32
4	4,00	250,00	48,96
5	5,61	178,16	63,64
6	1,00	999,11	45,87
7	1,50	667,24	63,89
8	1,50	666,49	30,52
9	2,00	499,89	47,98
10	1,50	666,14	30,70
11	3,50	285,81	55,98
12	1,00	999,45	45,93
13	1,00	999,22	45,85
14	1,00	1000,78	45,85
15	1,00	999,51	45,86
16	1,00	999,65	45,93
17	3,00	333,44	15,31
18	4,00	250,03	36,48
19	3,00	333,28	15,29
20	4,00	250,03	61,46
21	1,00	999,03	45,86
22	3,00	333,34	15,31
23	2,00	500,00	22,96
24	3,00	333,32	15,31
25	1,50	666,46	30,70
26	1,00	999,53	46,01
27	1,50	668,05	63,91
28	1,00	997,98	45,89
29	1,50	667,23	63,87

Zyklusnr	Taktzeit / µs	Frequenz / kHz	Tastverhältnis (hoch)
30	1,50	666,25	30,52
31	3,00	333,29	15,30
32	3,50	285,79	27,37
33	2,00	499,88	47,92
34	1,50	667,05	63,93
35	3,00	333,15	15,29
36	2,00	499,99	22,93
37	3,50	285,79	27,38
38	2,00	499,97	72,91
39	4,00	249,97	36,47
40	1,00	999,06	45,93
41	1,00	999,28	45,96
42	3,00	333,52	81,99
43	2,50	400,00	78,35
44	1,50	666,54	30,67
45	3,00	333,37	31,97
46	1,50	666,84	63,91
47	1,50	665,97	30,60
48	3,00	333,31	15,35
49	2,00	499,94	22,97
50	2,50	400,14	18,37
51	4,00	250,03	61,45
52	1,50	667,04	63,86
53	3,00	333,26	81,95
54	3,00	333,30	81,95
55	3,00	333,33	81,94
56	3,00	333,30	81,94
57	3,00	333,40	81,96
58	3,00	333,28	81,93
59	3,00	333,23	81,95
60	3,00	333,33	81,98
61	3,00	333,41	81,99
62	3,00	333,39	81,97
63	3,00	333,25	81,93
64	3,00	333,26	81,97
65	3,00	333,39	81,97
66	3,00	333,36	81,97
67	3,00	333,28	81,97

Zyklusnr	Taktzeit / µs	Frequenz / kHz	Tastverhältnis (hoch)
68	3,00	333,36	81,94
69	3,00	333,31	81,93
70	3,00	333,33	81,98
71	3,00	333,36	81,96
72	3,00	333,28	81,97
73	3,00	333,31	81,97
74	3,00	333,30	81,94
75	3,00	333,39	82,02
76	3,00	333,33	81,96
77	3,00	333,31	81,97
78	3,00	333,30	81,96
79	3,00	333,36	81,96
80	3,00	333,38	81,95
81	3,00	333,31	81,93
82	3,00	333,26	81,94
83	3,00	333,38	81,97
84	3,00	333,36	81,95
85	3,00	333,25	81,95
86	3,00	333,40	81,95
87	3,00	333,27	81,95
88	3,00	333,35	81,97
89	3,00	333,33	81,95
90	3,00	333,32	81,93
91	3,00	333,32	81,95
92	3,00	333,32	81,96
93	3,00	333,38	81,96
94	3,00	333,33	81,95
95	3,00	333,22	81,95
96	3,00	333,35	81,98
97	3,00	333,42	81,98
98	3,00	333,25	81,96
99	3,00	333,42	81,96
100	3,00	333,30	81,95
101	3,00	333,28	81,96
102	3,00	333,42	81,98
103	3,00	333,29	81,93
104	3,00	333,32	81,95
105	2,50	399,95	78,34

Zyklusnr	Taktzeit / µs	Frequenz / kHz	Tastverhältnis (hoch)
106	3,00	333,23	15,34
107	3,00	333,35	15,33
108	3,00	333,35	15,33
109	3,00	333,33	15,32
110	3,00	333,19	15,36
111	3,00	333,41	15,34
112	3,00	333,42	15,31
113	3,00	333,23	15,34
114	3,00	333,42	15,32
115	3,00	333,25	15,34
116	3,00	333,36	15,33
117	3,00	333,41	15,31
118	2,50	400,00	18,37
119	2,00	500,12	47,93
120	1,50	666,66	63,91
121	1,00	998,87	45,90
122	2,00	500,38	47,96
123	1,00	998,22	45,89
124	2,00	500,35	47,97
125	2,50	400,11	38,32
126	1,00	998,04	45,82
127	1,50	667,39	63,88
128	2,11	472,98	74,36

C. Netzwerkanalyse verschiedener CAN-Netzwerke

C.1 Body-CAN

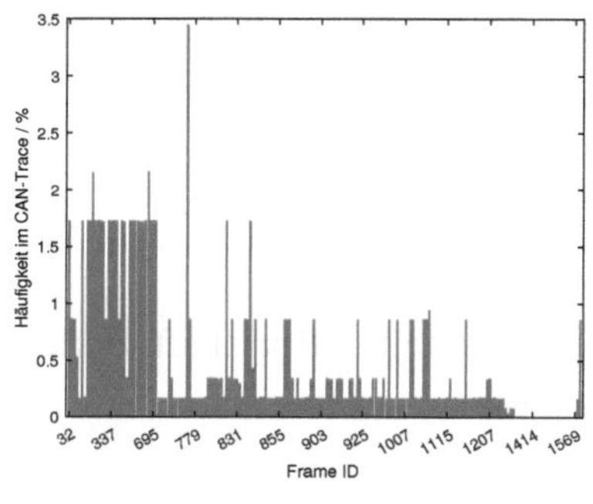

(a) Verteilung ID des Body CAN

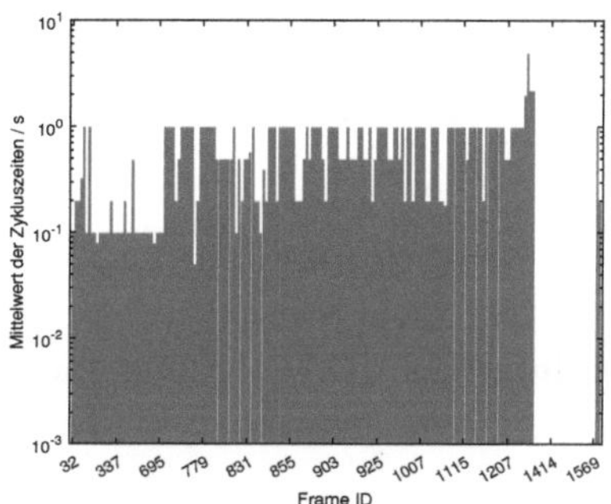

(b) Mittlere Zykluszeiten des Body CAN

Abbildung C.1: ID-Verteilung und mittlere Zykuszeiten/Botschaftszyklen beim Body CAN Messung 1389

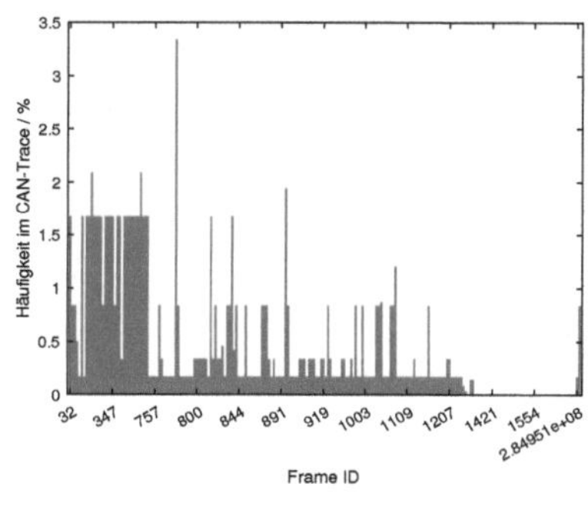

(a) Verteilung ID des Body CAN

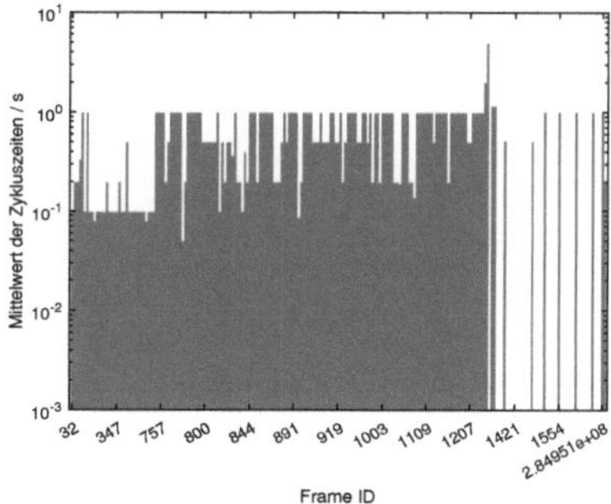

(b) Mittlere Zykluszeiten des Body CAN

Abbildung C.2: ID-Verteilung und mittlere Zykuszeiten/Botschaftszyklen beim Body CAN Messung 1469

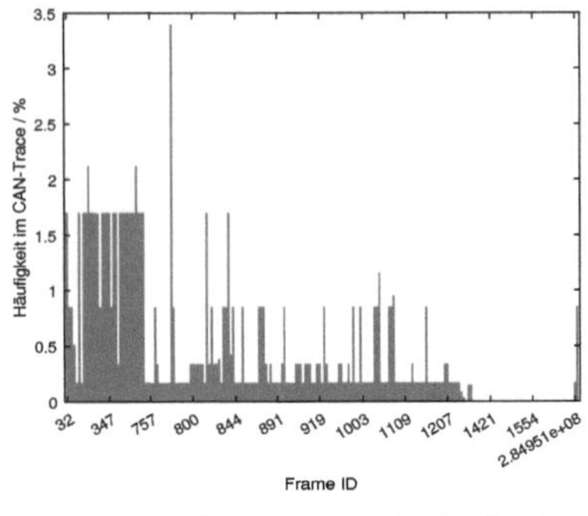

(a) Verteilung ID des Body CAN

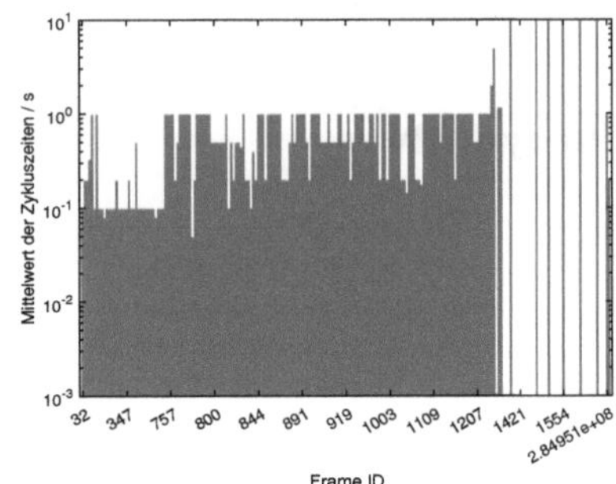

(b) Mittlere Zykluszeiten des Body CAN

Abbildung C.3: ID-Verteilung und mittlere Zykuszeiten/Botschaftszyklen beim Body CAN Messung 1479

C.2 Diagnose-CAN

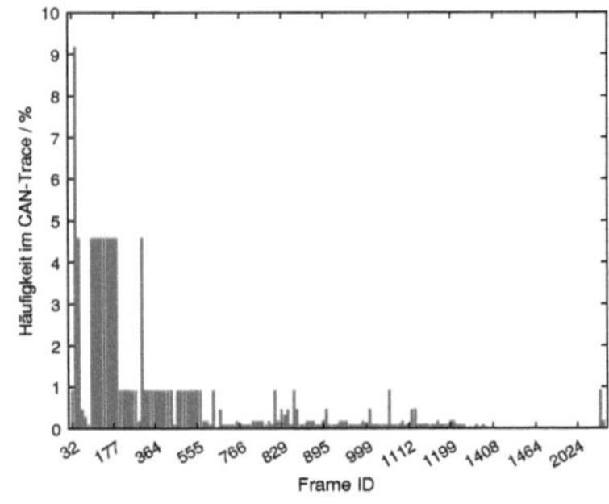

(a) Verteilung ID des Diagnose CAN

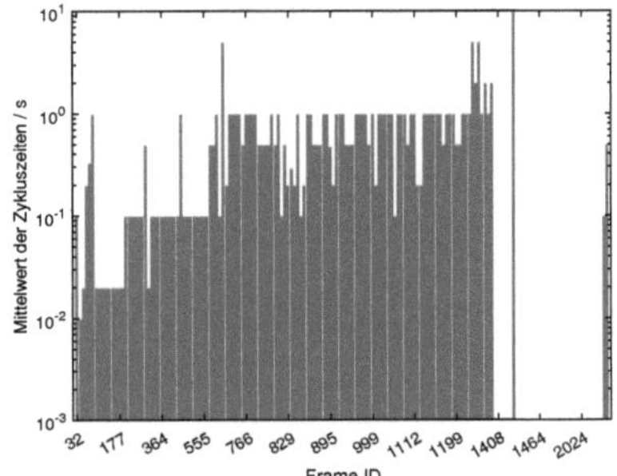

(b) Mittlere Zykluszeiten des Diagnose CAN

Abbildung C.4: ID-Verteilung und mittlere Zykuszeiten/Botschaftszyklen beim Diagnose CAN Messung 1146

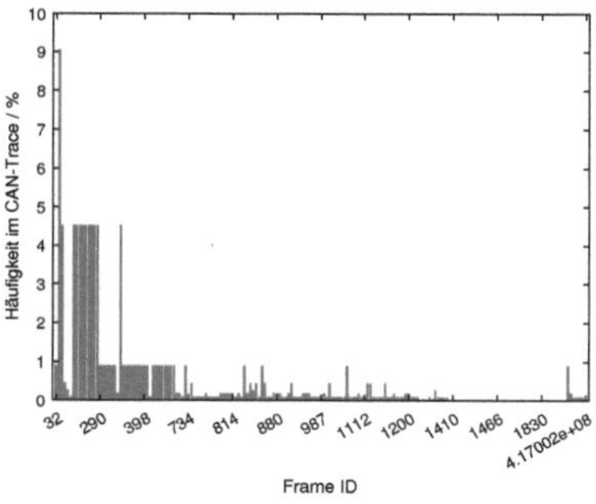

(a) Verteilung ID des Diagnose CAN

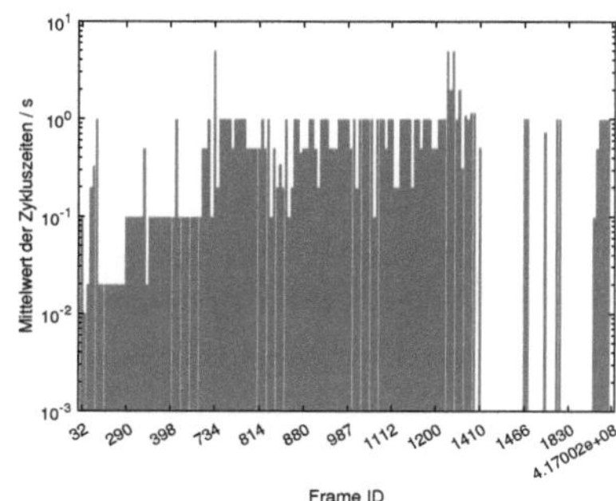

(b) Mittlere Zykluszeiten des Diagnose CAN

Abbildung C.5: ID-Verteilung und mittlere Zykuszeiten/Botschaftszyklen beim Diagnose CAN Messung 1317

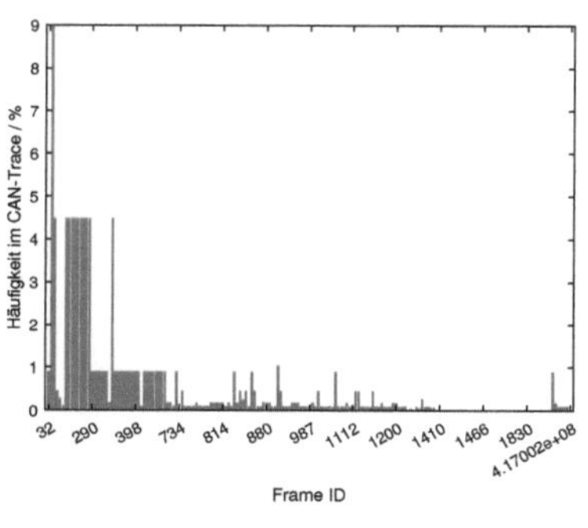

(a) Verteilung ID des Diagnose CAN

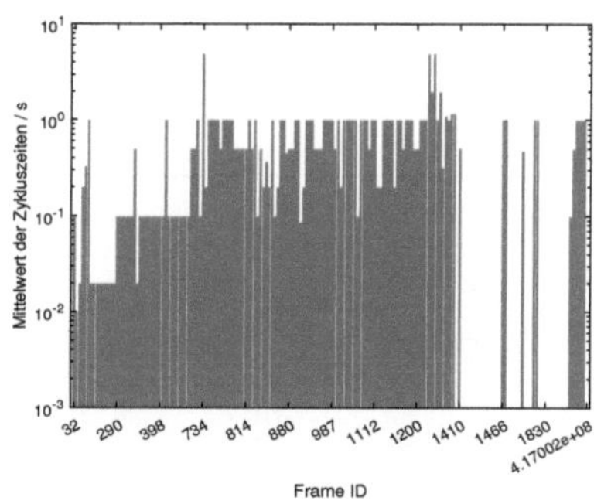

(b) Mittlere Zykluszeiten des Diagnose CAN

Abbildung C.6: ID-Verteilung und mittlere Zykuszeiten/Botschaftszyklen beim Diagnose CAN Messung 1317

C.3 Dynamics-CAN

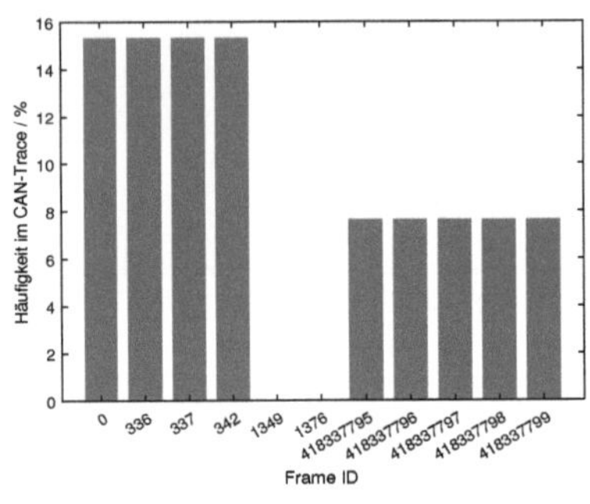

(a) Verteilung ID des Dynamics CAN

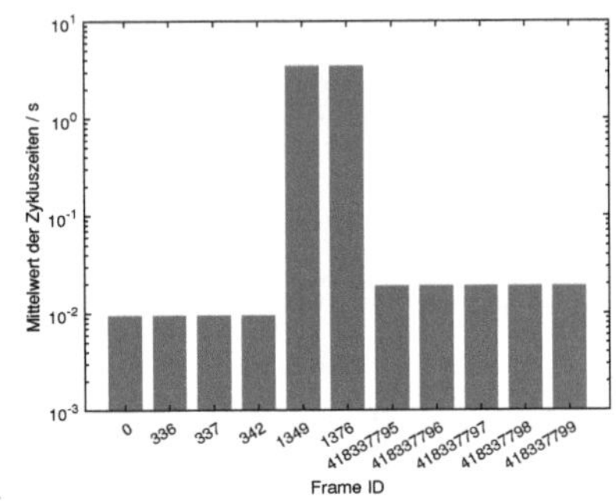

(b) Mittlere Zykluszeiten des Dynamics CAN

Abbildung C.7: ID-Verteilung und mittlere Zykuszeiten/Botschaftszyklen beim Dynamics CAN Messung 135

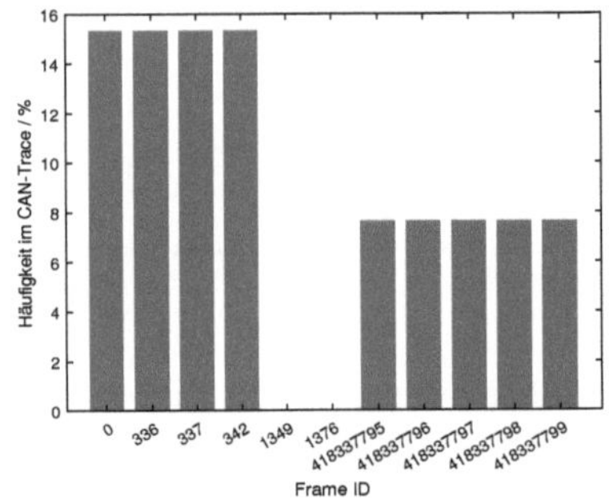

(a) Verteilung ID des Dynamics CAN

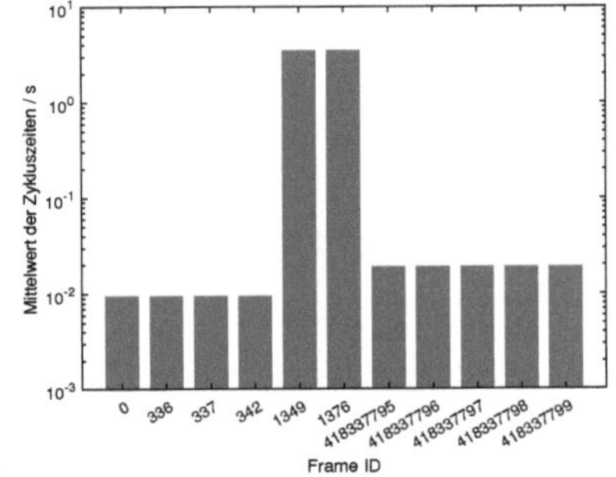

(b) Mittlere Zykluszeiten des Dynamics CAN

Abbildung C.8: ID-Verteilung und mittlere Zykuszeiten/Botschaftszyklen beim Dynamics CAN Messung 578

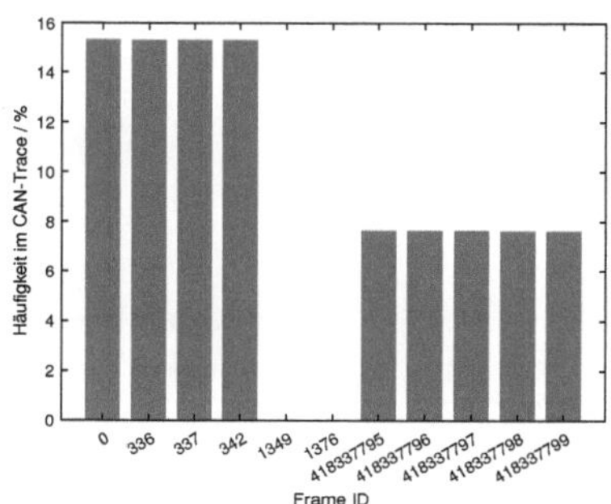

(a) Verteilung ID des Dynamics CAN

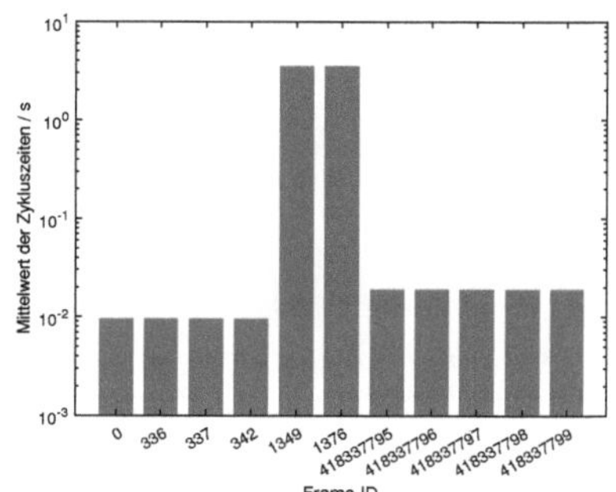

(b) Mittlere Zykluszeiten des Dynamics CAN

Abbildung C.9: ID-Verteilung und mittlere Zykuszeiten/Botschaftszyklen beim Dynamics CAN Messung 578

C.4 Antriebsstrang-CANFD

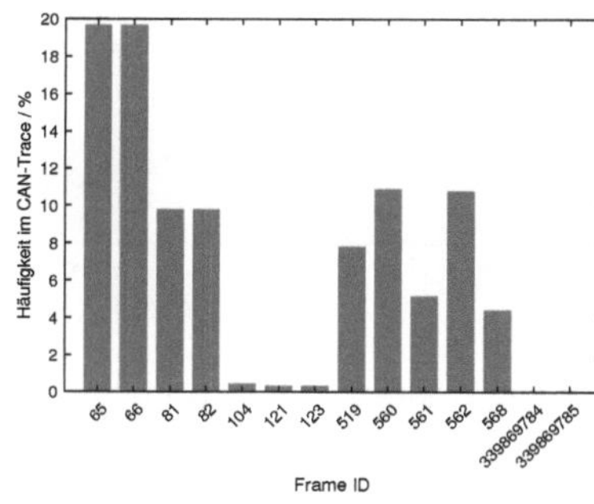

(a) Verteilung ID des Antriebsstrang-CANFD

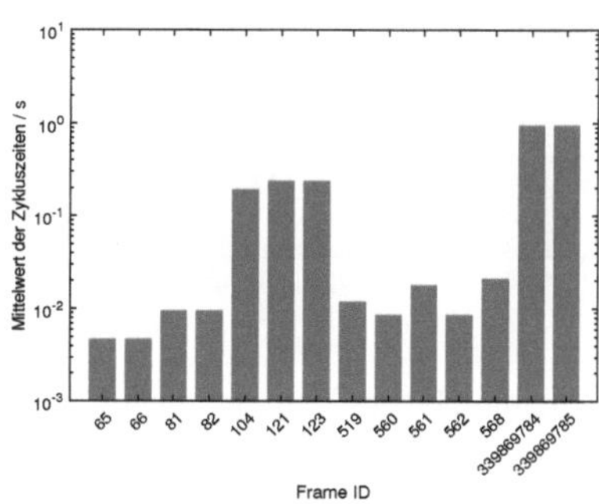

(b) Mittlere Zykluszeiten des Antriebsstrang-CANFD

Abbildung C.10: ID-Verteilung und mittlere Zykuszeiten/Botschaftszyklen beim Antriebsstrang-CANFD Messung 56

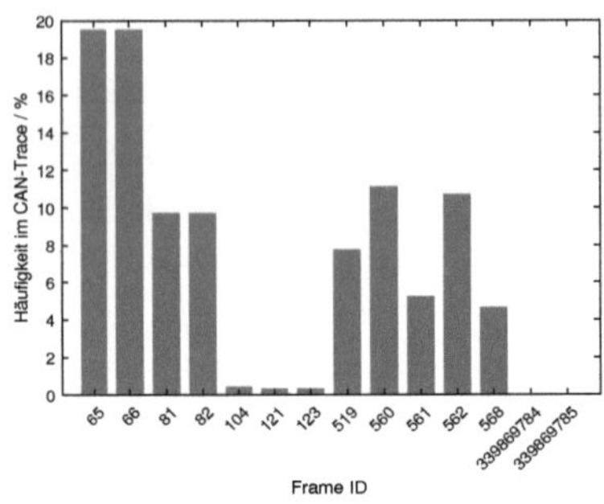

(a) Verteilung ID des Antriebsstrang-CANFD

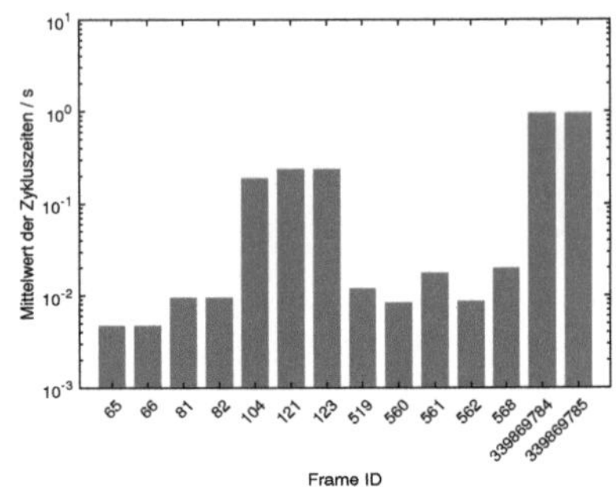

(b) Mittlere Zykluszeiten des Antriebsstrang-CANFD

Abbildung C.11: ID-Verteilung und mittlere Zykuszeiten/Botschaftszyklen beim Antriebsstrang-CANFD Messung 372

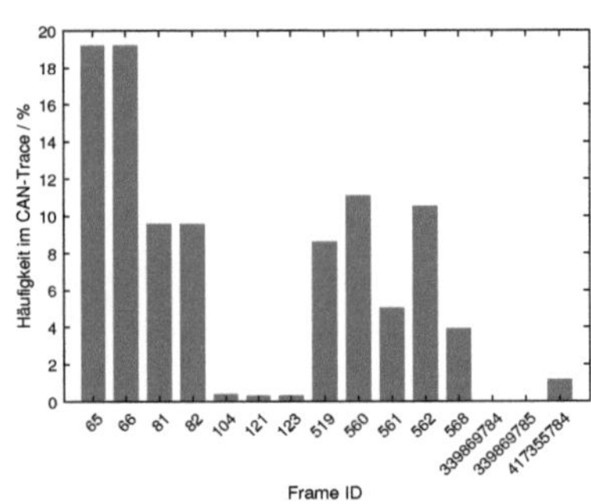

(a) Verteilung ID des Antriebsstrang-CANFD

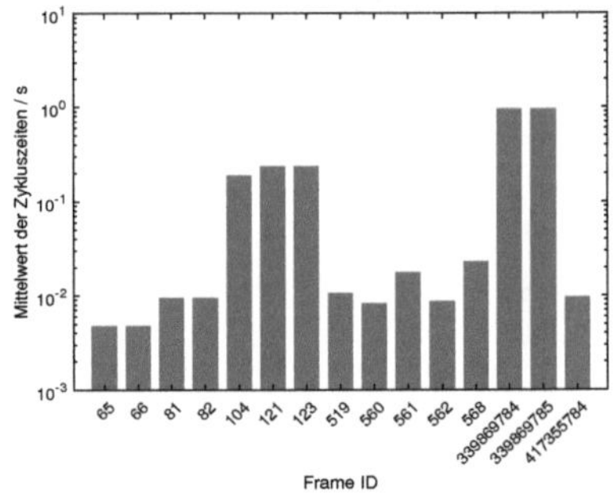

(b) Mittlere Zykluszeiten des Antriebsstrang-CANFD

Abbildung C.12: ID-Verteilung und mittlere Zykuszeiten/Botschaftszyklen beim Antriebsstrang-CANFD Messung 851

C.5 Antriebsstrangsensor-CAN

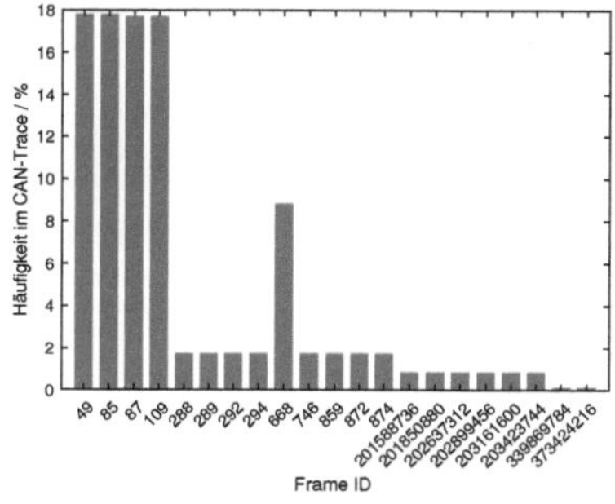

(a) Verteilung ID des Antriebsstrangsensor-CAN

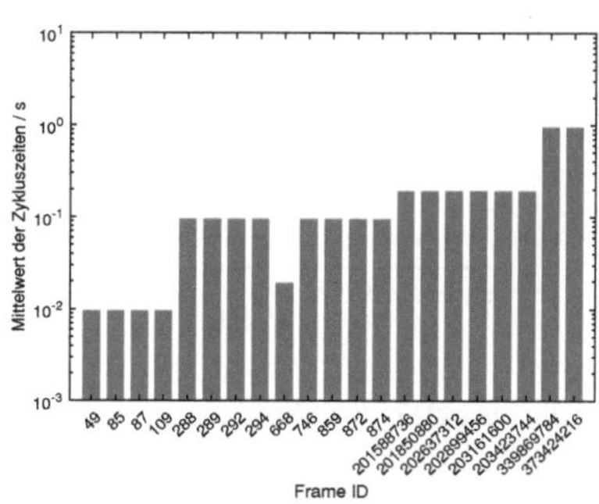

(b) Mittlere Zykluszeiten des Antriebsstrangsensor-CAN

Abbildung C.13: ID-Verteilung und mittlere Zykuszeiten/Botschaftszyklen beim Antriebsstrangsensor-CAN Messung 386

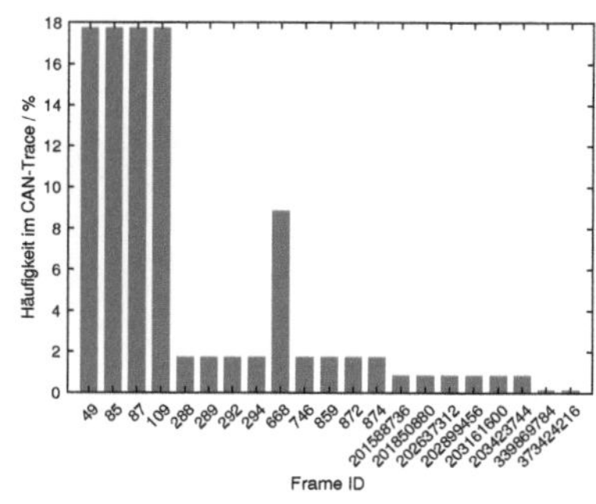

(a) Verteilung ID des Antriebsstrangsensor-CAN

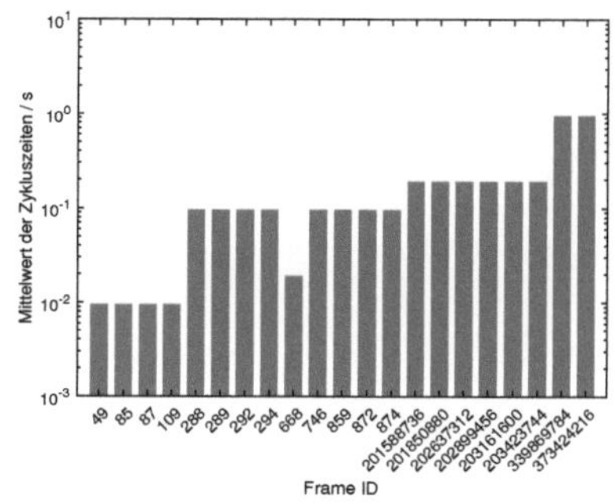

(b) Mittlere Zykluszeiten des Antriebsstrangsensor-CAN

Abbildung C.14: ID-Verteilung und mittlere Zykuszeiten/Botschaftszyklen beim Antriebsstrangsensor-CAN Messung 733

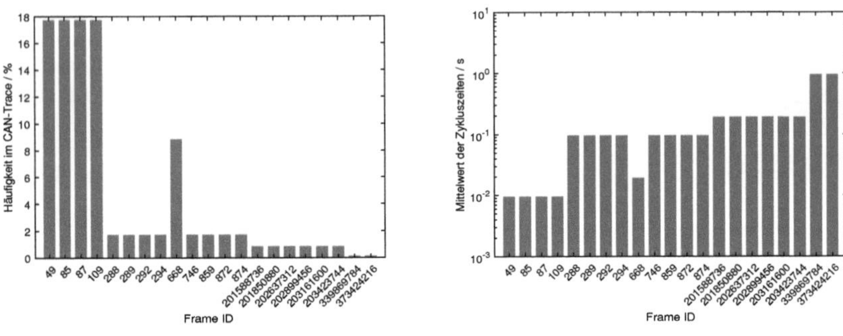

(a) Verteilung ID des Antriebsstrangsensor-CAN

(b) Mittlere Zykluszeiten des Antriebsstrangsensor-CAN

Abbildung C.15: ID-Verteilung und mittlere Zykuszeiten/Botschaftszyklen beim Antriebsstrangsensor-CAN Messung 804

C.6 Engine-CAN

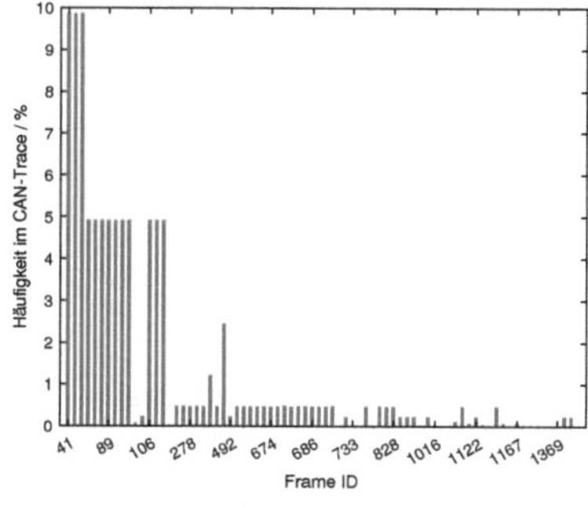

(a) Verteilung ID des Engine CAN

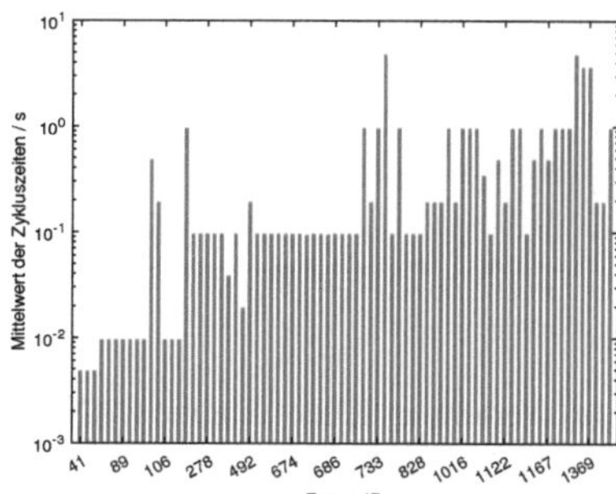

(b) Mittlere Zykluszeiten des Engine CAN

Abbildung C.16: ID-Verteilung und mittlere Zykuszeiten/Botschaftszyklen beim Engine CAN Messung 1244

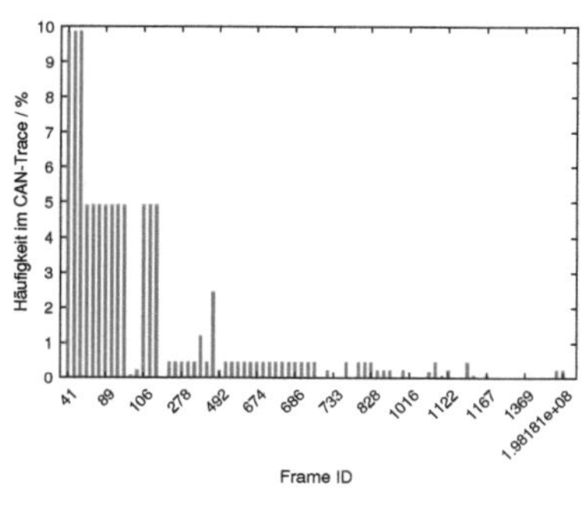

(a) Verteilung ID des Engine CAN

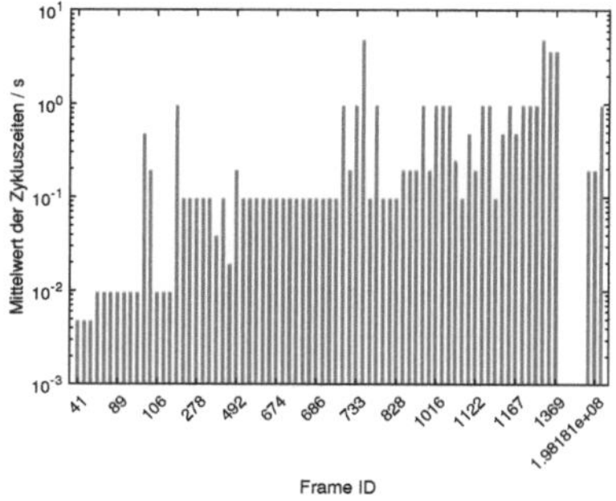

(b) Mittlere Zykluszeiten des Engine CAN

Abbildung C.17: ID-Verteilung und mittlere Zykuszeiten/Botschaftszyklen beim Engine CAN Messung 1411

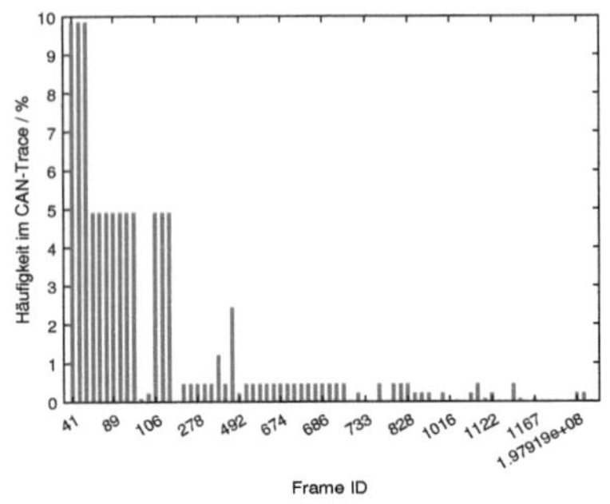

(a) Verteilung ID des Engine CAN

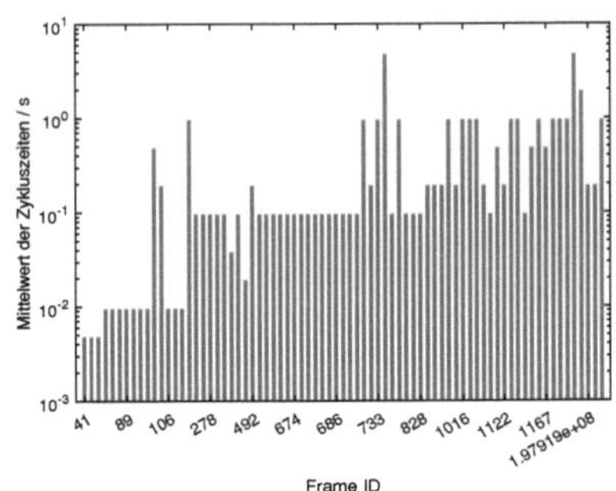

(b) Mittlere Zykluszeiten des Engine CAN

Abbildung C.18: ID-Verteilung und mittlere Zykuszeiten/Botschaftszyklen beim Engine CAN Messung 1496

C.7 Headunit-CAN

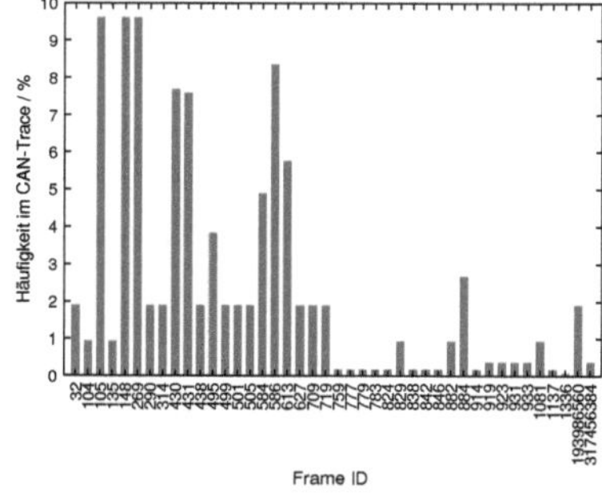

(a) Verteilung ID des Headunit CAN

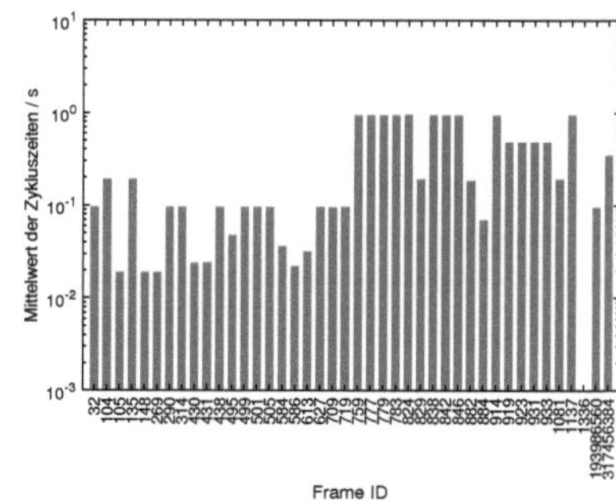

(b) Mittlere Zykluszeiten des Headunit CAN

Abbildung C.19: ID-Verteilung und mittlere Zykuszeiten/Botschaftszyklen beim Headunit CAN Messung 199

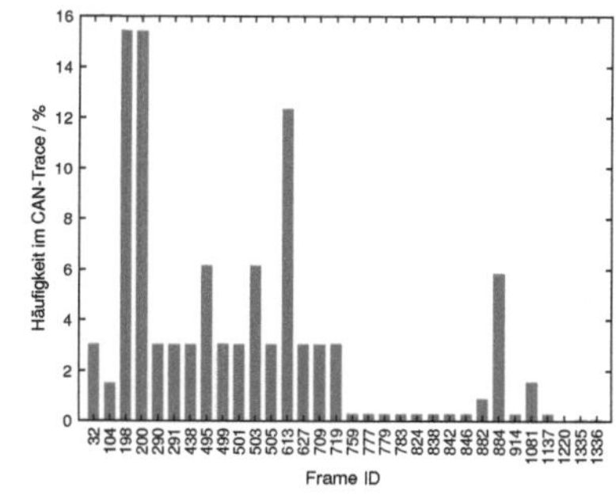

(a) Verteilung ID des Headunit CAN

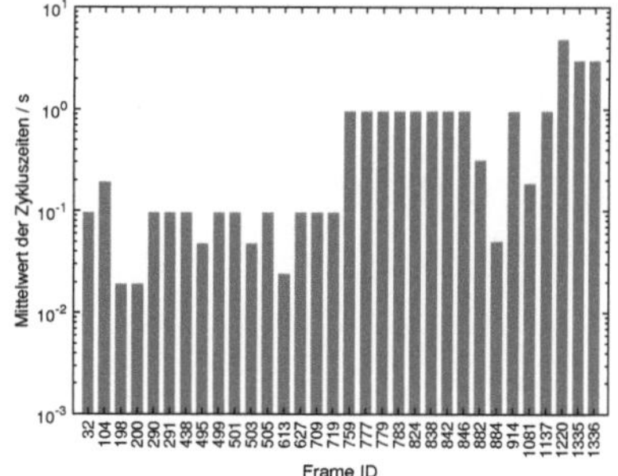

(b) Mittlere Zykluszeiten des Headunit CAN

Abbildung C.20: ID-Verteilung und mittlere Zykuszeiten/Botschaftszyklen beim Headunit CAN Messung 955

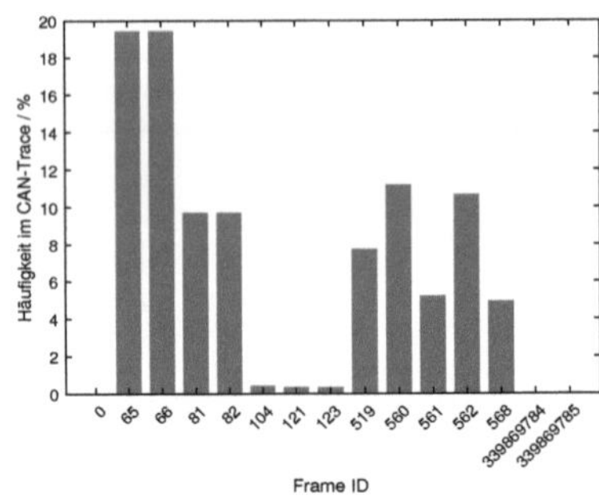

(a) Verteilung ID des Headunit CAN

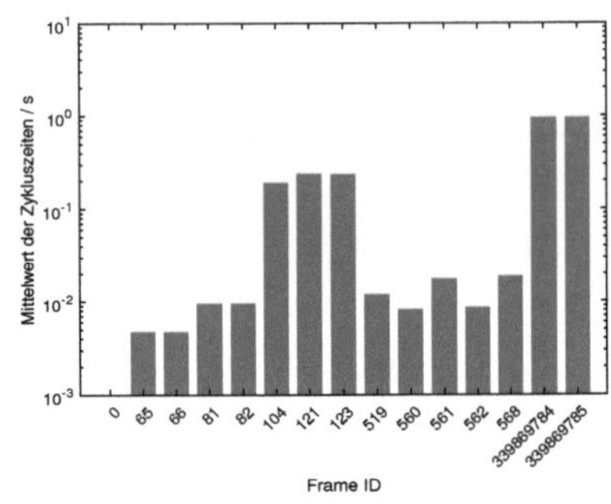

(b) Mittlere Zykluszeiten des Headunit CAN

Abbildung C.21: ID-Verteilung und mittlere Zykuszeiten/Botschaftszyklen beim Headunit CAN Messung 1028

C.8 Fahrzeuginnenraum-CAN

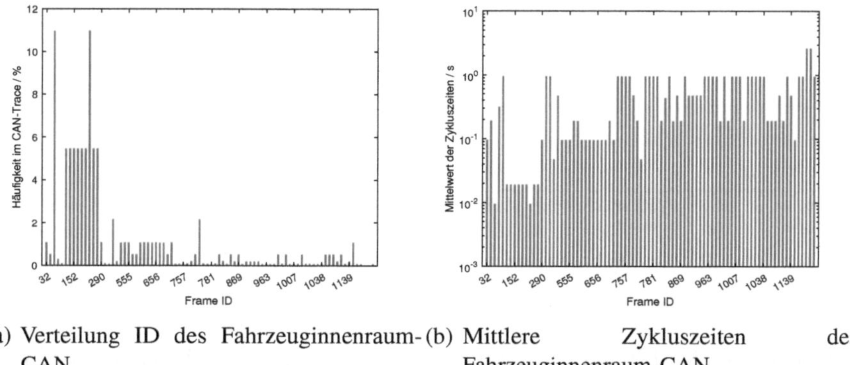

(a) Verteilung ID des Fahrzeuginnenraum-CAN (b) Mittlere Zykluszeiten des Fahrzeuginnenraum-CAN

Abbildung C.22: ID-Verteilung und mittlere Zykuszeiten/Botschaftszyklen beim Fahrzeuginnenraum-CAN Messung 1246

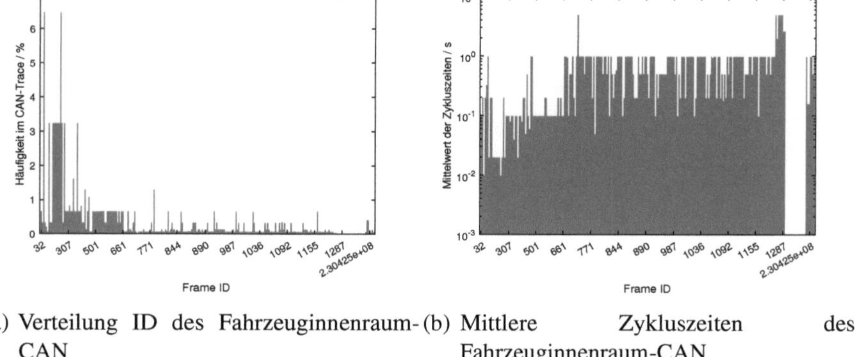

(a) Verteilung ID des Fahrzeuginnenraum-CAN (b) Mittlere Zykluszeiten des Fahrzeuginnenraum-CAN

Abbildung C.23: ID-Verteilung und mittlere Zykuszeiten/Botschaftszyklen beim Fahrzeuginnenraum-CAN Messung 1388

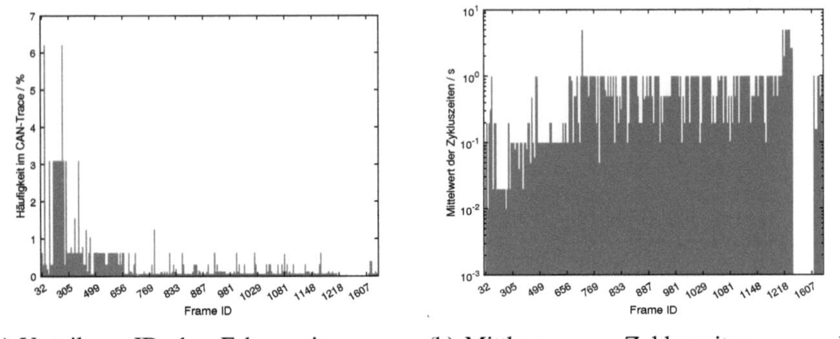

(a) Verteilung ID des Fahrzeuginnenraum-CAN

(b) Mittlere Zykluszeiten des Fahrzeuginnenraum-CAN

Abbildung C.24: ID-Verteilung und mittlere Zykuszeiten/Botschaftszyklen beim Fahrzeuginnenraum-CAN Messung 1443

C.9 Inverter-CANFD

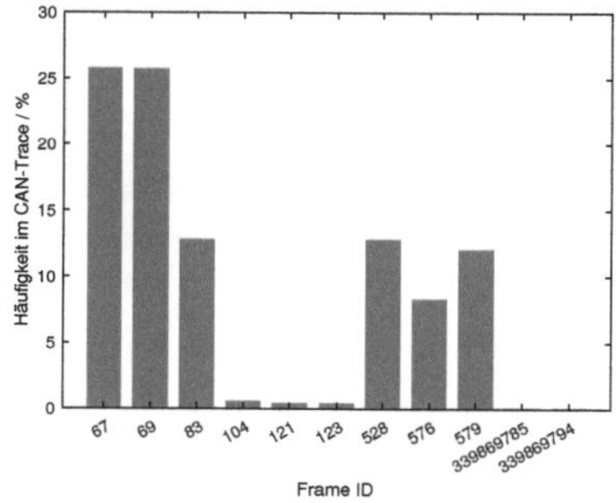

(a) Verteilung ID des Inverter-CANFD

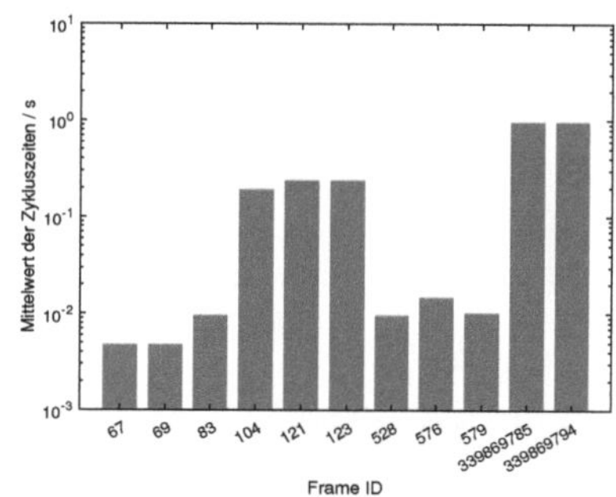

(b) Mittlere Zykluszeiten des Inverter-CANFD

Abbildung C.25: ID-Verteilung und mittlere Zykuszeiten/Botschaftszyklen beim Inverter-CANFD Messung 770

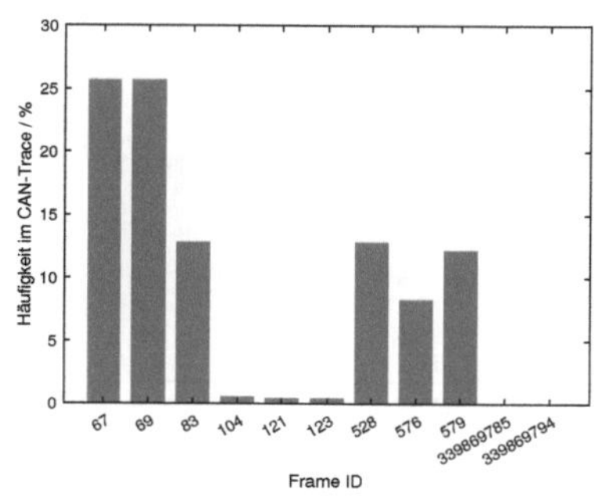

(a) Verteilung ID des Inverter-CANFD

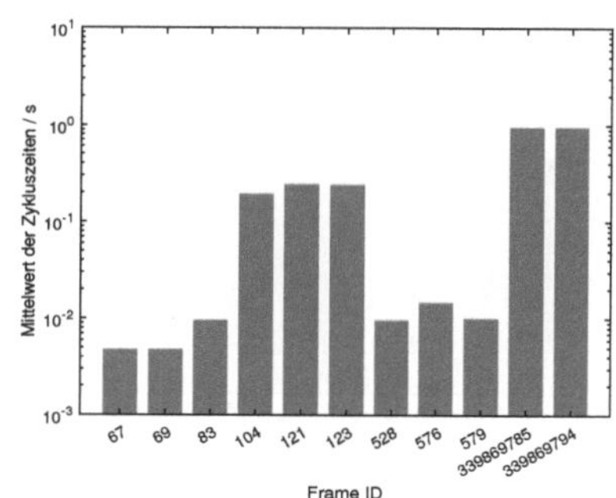

(b) Mittlere Zykluszeiten des Inverter-CANFD

Abbildung C.26: ID-Verteilung und mittlere Zykuszeiten/Botschaftszyklen beim Inverter-CANFD Messung 797

C.10 Powertrain-CAN

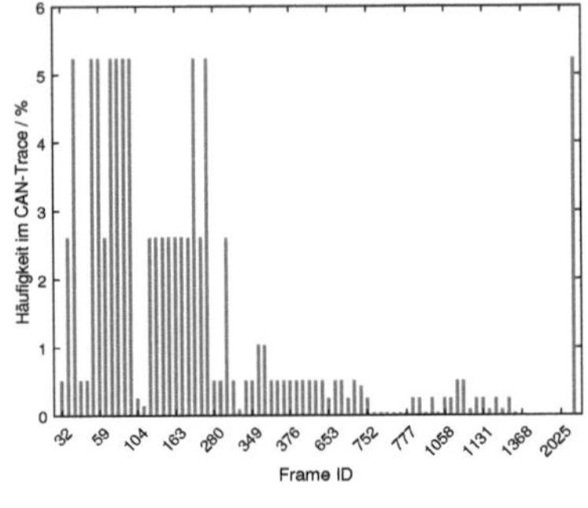

(a) Verteilung ID des Powertrain CAN

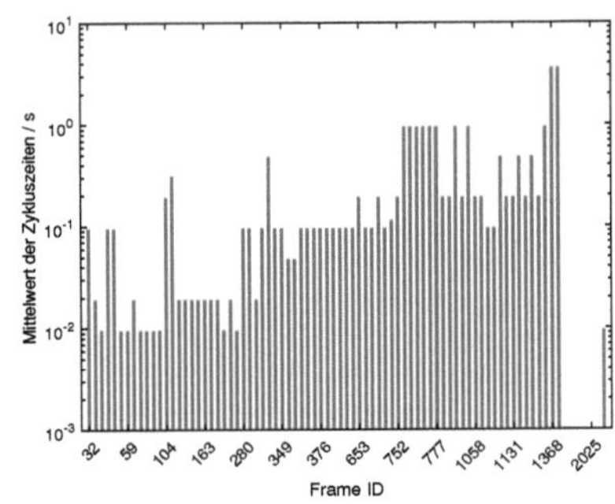

(b) Mittlere Zykluszeiten des Powertrain CAN

Abbildung C.27: ID-Verteilung und mittlere Zykuszeiten/Botschaftszyklen beim Powertrain CAN Messung 1196

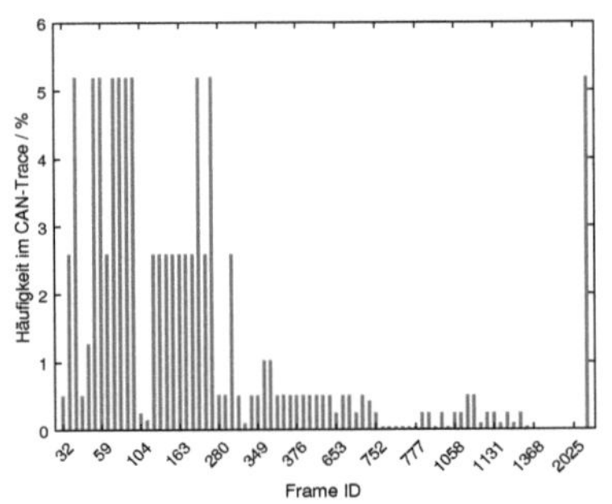

(a) Verteilung ID des Powertrain CAN

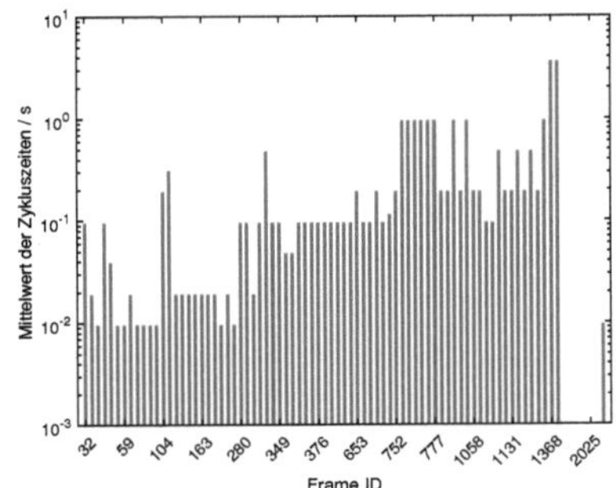

(b) Mittlere Zykluszeiten des Powertrain CAN

Abbildung C.28: ID-Verteilung und mittlere Zykuszeiten/Botschaftszyklen beim Powertrain CAN Messung 1270

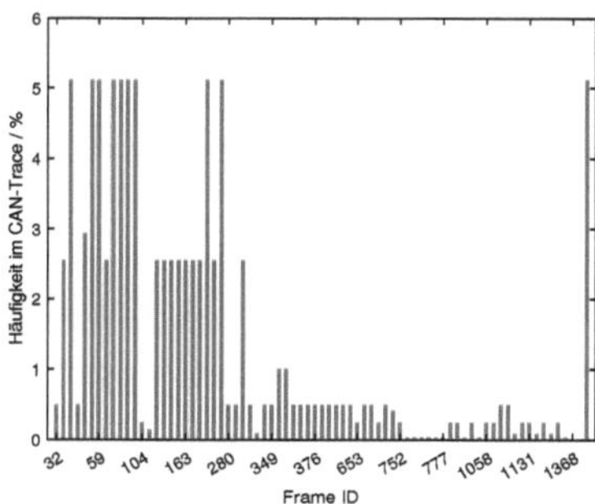

(a) Verteilung ID des Powertrain CAN

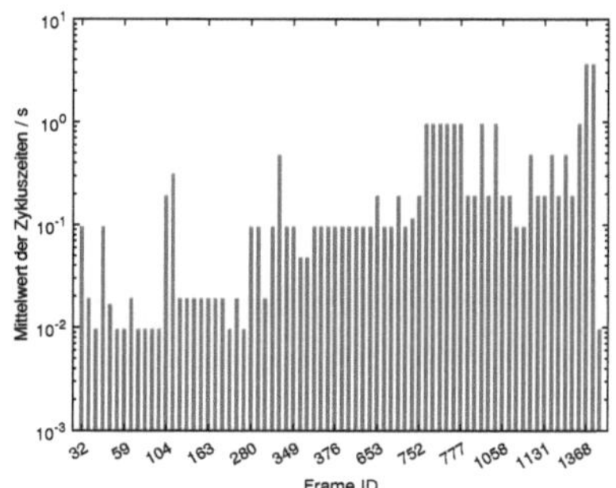

(b) Mittlere Zykluszeiten des Powertrain CAN

Abbildung C.29: ID-Verteilung und mittlere Zykuszeiten/Botschaftszyklen beim Powertrain CAN Messung 1365

C.11 Telematik-CAN

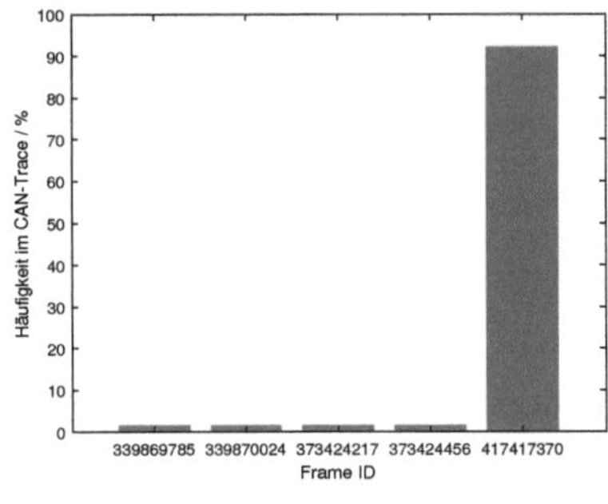

(a) Verteilung ID des Telematik-CAN

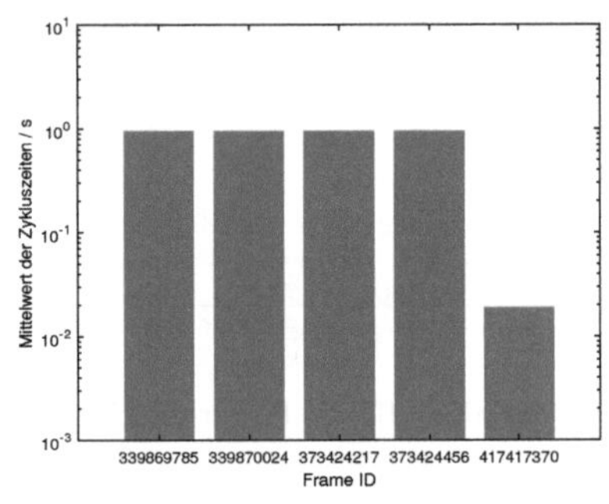

(b) Mittlere Zykluszeiten des Telematik-CAN

Abbildung C.30: ID-Verteilung und mittlere Zykuszeiten/Botschaftszyklen beim Telematik-CAN Messung 1034

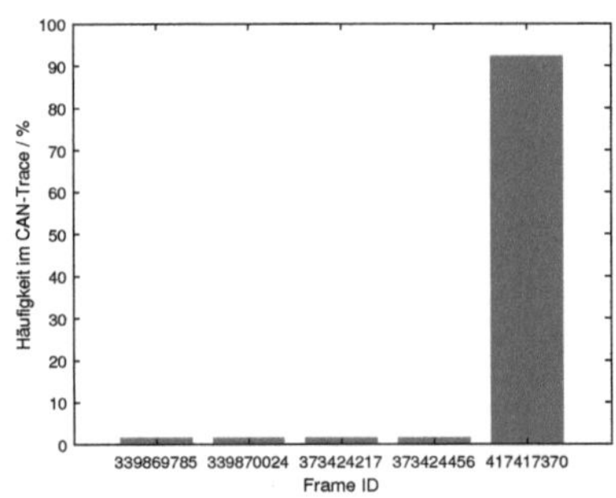

(a) Verteilung ID des Telematik-CAN

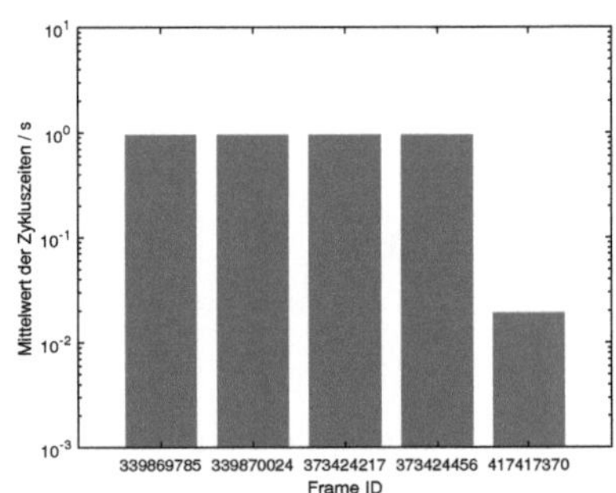

(b) Mittlere Zykluszeiten des Telematik-CAN

Abbildung C.31: ID-Verteilung und mittlere Zykuszeiten/Botschaftszyklen beim Telematik-CAN Messung 1043

C.12 Energiemanagement-CANFD

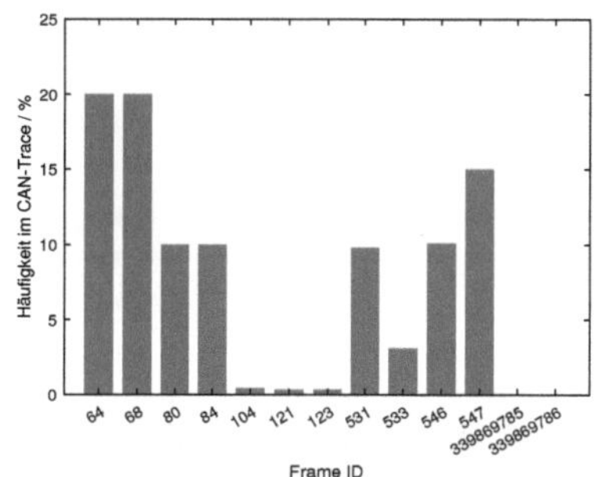

(a) Verteilung ID des Energiemanagement-CANFD

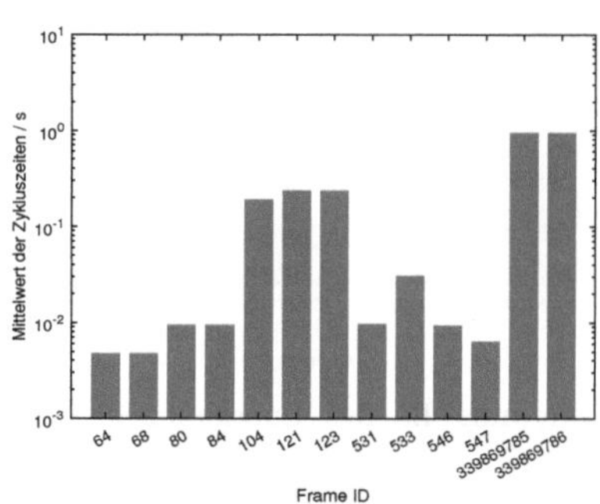

(b) Mittlere Zykluszeiten des Energiemanagement-CANFD

Abbildung C.32: ID-Verteilung und mittlere Zykuszeiten/Botschaftszyklen beim Energiemanagement-CANFD Messung 60

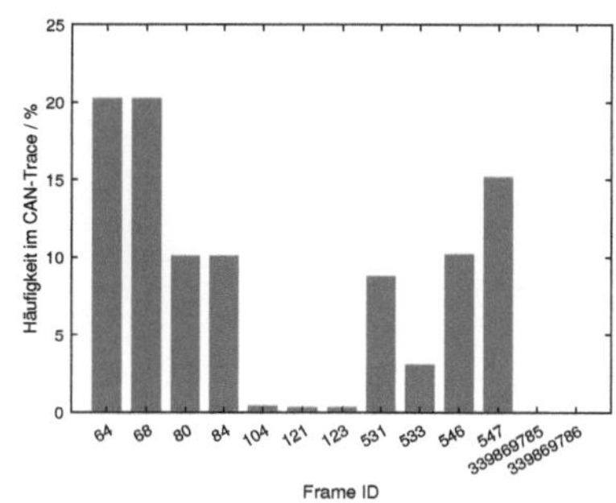

(a) Verteilung ID des Energiemanagement-CANFD

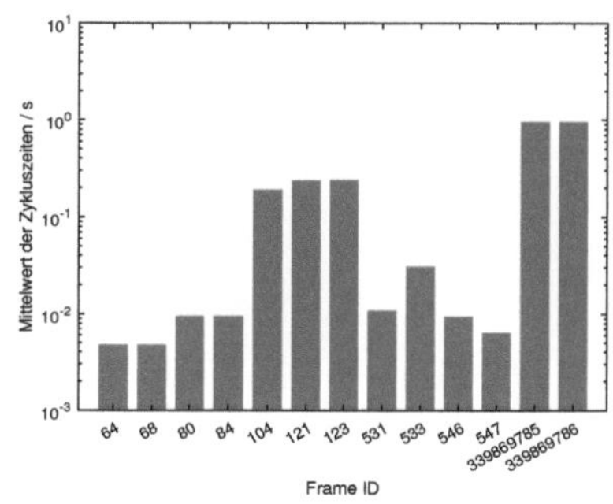

(b) Mittlere Zykluszeiten des Energiemanagement-CANFD

Abbildung C.33: ID-Verteilung und mittlere Zykuszeiten/Botschaftszyklen beim Energiemanagement-CANFD Messung 816

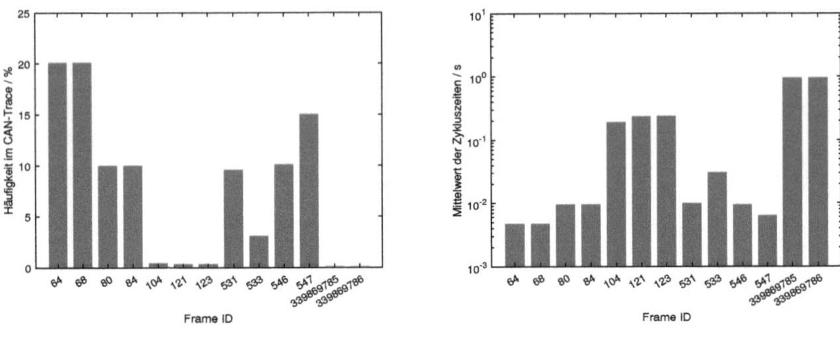

(a) Verteilung ID des Energiemanagement-CANFD

(b) Mittlere Zykluszeiten des Energiemanagement-CANFD

Abbildung C.34: ID-Verteilung und mittlere Zykuszeiten/Botschaftszyklen beim Energiemanagement-CANFD Messung 903

MIX
Papier aus verantwortungsvollen Quellen
Paper from responsible sources
FSC® C105338

If you have any concerns about our products, you can contact us on
ProductSafety@springernature.com

In case Publisher is established outside the EU, the EU authorized representative is:
Springer Nature Customer Service Center GmbH
Europaplatz 3, 69115 Heidelberg, Germany

Printed by Libri Plureos GmbH
in Hamburg, Germany